计算机"十三五"规划教材

中文版 Premiere Pro CC 实例教程

主　编　王　欣　丁艳会　唐洵洵
副主编　李长生　娄　焕　张晓利　刘月峰

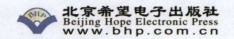

北京希望电子出版社
Beijing Hope Electronic Press
www.bhp.com.cn

内 容 简 介

　　本书详细介绍了 Premiere Pro CC 软件的应用方法，以及使用 Premiere Pro CC 进行视频编辑与处理的方法和技巧。本书共 12 章，内容包括：Premiere Pro CC 基础入门、管理视频项目文件、编辑与精修视频片段、校正视频色彩与色调、编辑与设置转场效果、制作精彩的视频特效、制作视频关键帧特效、制作标题字幕特效、制作惊人的覆叠特效、制作悦耳的声音特效、设置与导出视频文件以及制作影视广告效果等内容，帮助读者从入门、进阶、精通软件，成为应用高手。

　　本书既可作为应用型本科院校、职业院校的教材，也可供具备一定 Premiere 操作技能并希望进一步提高的读者阅读。

图书在版编目（CIP）数据

中文版 Premiere Pro CC 实例教程 ／ 王欣，丁艳会，
唐洵洵主编. -- 北京 : 北京希望电子出版社，2019.7
（2023.8 重印）

ISBN 978-7-83002-701-8

Ⅰ．①中… Ⅱ．①王… ②丁… ③唐… Ⅲ．①视频编
辑软件—教材 Ⅳ．①TN94

中国版本图书馆 CIP 数据核字（2019）第 148885 号

出版：北京希望电子出版社　　　　　　封面：赵俊红
地址：北京市海淀区中关村大街 22 号　　编辑：武天宇　刘延姣
　　　中科大厦 A 座 10 层　　　　　　　校对：薛海霞
邮编：100190　　　　　　　　　　　　开本：787mm×1092mm 1/16
网址：www.bhp.com.cn　　　　　　　　印张：20
电话：010-82626270　　　　　　　　　字数：5120 千字
传真：010-62543892　　　　　　　　　印刷：廊坊市广阳区九洲印刷厂
经销：各地新华书店　　　　　　　　　版次：2023 年 8 月 1 版 2 次印刷

定价：79.80 元

前　言

Premiere Pro CC 是美国 Adobe 公司出品的视音频非线性编辑软件，是视频编辑爱好者和专业人士的必不可少的编辑工具，可以支持当前所有标清和高清格式的实时编辑。它提供了采集、剪辑、调色、美化音频、字幕添加、输出、DVD 刻录的一整套流程，并和其他 Adobe 软件高效集成，满足用户创建高质量作品的要求。目前，这款软件广泛应用于影视编辑、广告制作和电视节目制作中。

为了帮助广大读者快速掌握 Premiere Pro CC 操作技巧，本书根据众多设计人员及教学人员的经验，精心设计了非常系统的学习体系。本书主要具有以下特点：

（1）全面介绍 Premiere Pro CC 软件的基本功能及实际应用，以各种重要技术为主线，对每种技术中的重点内容进行详细介绍。

（2）运用全新的写作手法和写作思路，使读者在学习本书之后能够快速掌握软件操作技能，真正成为 Premiere Pro CC 平面设计的行家里手。

（3）以实用为教学出发点，以培养读者实际应用能力为目标，通过手把手地讲解平面图形设计过程中的要点与难点，使读者全面掌握 Premiere Pro CC 平面设计知识。

本书合理安排知识点，运用简练、流畅的语言，结合丰富、实用的实例，由浅入深地对 Premiere Pro CC 的视频编辑功能进行全面、系统的讲解，让读者在最短的时间内掌握最有用的知识。本书结构安排如下。

第 1 章　Premiere Pro CC 基础入门。通过本章的学习，读者可以掌握视频编辑的基础；了解 Pmiere Pro CC 的主要功能；掌握启动与退出 Premiere Pro CC 的方法；认识 Pmiere Pro CC 工作界面。

第 2 章　管理视频项目文件。通过本章的学习，读者可以掌握创建与打开项目文件的方法；掌握保存与关闭项目文件的方法；掌握导入、编组与嵌套素材文件的方法；掌握使用编辑工具的方法。

第 3 章　编辑与精修视频片段。通过本章的学习，读者可以掌握如何添加视频素材的方法；复制粘贴影视视频素材文件的方法；设置素材出入点的方法；调整播放时间以及剪辑影视素材等方法。

第 4 章　校正视频色彩与色调。通过本章的学习，读者可以掌握校正视频色彩的方法；调整图像色彩的方法；控制图像色调的方法。

第 5 章　编辑与设置转场效果。通过本章的学习，读者可以掌握添加、替换与删除转场效果的操作方法；设置转场效果的属性参数的操作方法；制作精彩视频转场特效的操作方法。

第 6 章 制作精彩的视频特效。通过本章的学习，读者可以掌握添加视频效果方法；掌握管理视频效果的方法；掌握对视频、图像以及音频等多种素材进行特效处理和加工的方法。

第 7 章 制作视频关键帧特效。通过本章的学习，读者可以掌握添加与设置运动关键帧的方法；掌握制作视频运动特效的方法；掌握制作视频画中画效果的方法。

第 8 章 制作标题字幕特效。通过本章的学习，读者可以掌握设置标题字幕属性的方法；掌握设置字幕填充效果的方法；掌握制作动态字幕运动效果的方法。

第 9 章 制作惊人的覆叠特效。通过本章的学习，读者可以认识 Alpha 通道与遮罩；掌握制作透明叠加特效的操作方法；掌握制作视频叠加特效的操作方法。

第 10 章 制作悦耳的声音特效。通过本章的学习，读者可以掌握编辑音频素材的方法；掌握设置音效属性的方法；掌握常用音频特效应用的方法。

第 11 章 设置与导出视频文件。通过本章的学习，读者可以掌握设置视频与音频输出参数的方法；掌握导出视频与音频媒体文件的方法。

第 12 章 制作影视广告效果。本章详细讲解了三大综合案例：商业视频《戒指广告》、婚纱影像《真爱一生》、儿童成长《金色童年》。学完本章后可以学以致用、举一反三，结合所学制作出更加精美的视频文件。

本书由青岛经济技术职业学院的王欣、内蒙古电子信息职业技术学院的丁艳会和沈阳市信息工程学校的唐洵洵担任主编，由商洛职业技术学院的李长生、河南应用技术职业学院的娄焕、济源职业技术学院的张晓利和许昌陶瓷职业学院的刘月峰担任副主编。本书相关资料可扫封底二维码或登录 www.bjzzwh.com 下载获得。

由于编者水平有限，书中难免有疏漏或不妥之处，恳请广大师生和读者批评指正。

编 者

目　录

第 1 章　Premiere Pro CC 基础入门

【本章导读】

使用 Premiere Pro CC 非线性影视编辑软件编辑视频和音频文件之前，首先需要了解视频相关的基础，如了解视频编辑术语、了解特效功能、了解转场功能、认识菜单栏以及了解启动和退出 Premiere Pro CC 的方法等内容，从而为读者制作绚丽的影视作品奠定了良好的基础，通过本章的学习，读者可以掌握视频编辑知识。

【本章重点】

➢ 掌握视频编辑的基础知识
➢ 了解 Pmiere Pro CC 的主要功能
➢ 掌握如何启动与退出 Premiere Pro CC
➢ 掌握 Premiere Pro CC 的工作界面

1.1　视频编辑的基础知识

使用 Premiere Pro CC 非线性影视编辑软件编辑视频和音频文件之前，首先需要了解视频相关的基础，如了解视频编辑术语、视频编辑的过程、启动与退出 Premiere Pro CC 以及 Premiere Pro CC 工作界面等内容，从而为用户制作绚丽的影视作品奠定了良好的基础，通过本章的学习，读者可以掌握视频编辑知识。

1.1.1　视频术语常识

在 Premiere Pro CC 中，视频编辑的常用术语包括 8 种，如剪辑、帧和场、分辨率、获取与压缩、"数字/模拟"转换器、电视制式以及复合视频信号等，只有了解这些影视编辑专业术语，才能更好地掌握 Premiere Pro CC 软件的精髓之处。

1. 剪辑

剪辑，即将影片制作中所拍摄的大量素材，经过选择、取舍、分解与组接，最终完成一个连贯流畅、含义明确、主题鲜明并有艺术感染力的作品。剪辑既是影片制作工艺过程中一项必不可少的工作，也是影片艺术创作过程中所进行的最后一次再创作。剪辑可以说是视频编辑中最常提到的专业术语，一部完整的好电影通常都需要经过无数的剪辑操作，才能完成。

视频剪辑技术在发展过程中也经历了几次变革，在最初的传统的影像剪辑采用的是机械和电子剪辑两种方式。机械剪辑是指直接性的对胶卷或者录像带进行物理的剪辑，并重新连接起来。因此，这种剪辑相对比较简单，也容易理解。随着磁性录像带的问世，这种机械剪辑的方式逐渐显现出其缺陷，因为剪辑录像带上的磁性信息除了需要确定和区分视频轨道的位置外，还需要精确切割两帧视频之间的信息，这就增加了剪辑操作的难度。电子剪辑的问世，让这一难题得到了解决。电子剪辑也称为线性录像带电子剪辑，它通过按新的顺序重新录制信息过程。

好的影视作品不单单是故事情节好，还要从剪辑的角度来表现，只有剪辑得生动多彩，才能体现一部作品的优秀。视频剪辑就是组接一系列拍好的镜头，每个镜头必须经过剪辑，才能融合为一部影片。当我们对影片进行剪辑的时候，要充分地考虑到编导的意图和影片的风格，遇到风格和内容相背离的时候，一定要尊重内容，不要出现跑题的现象。在剪辑的过程中会遇到许多镜头都舍不得剪掉的情况，这时候就是考验剪辑者的时候了，再好的剪辑风格也要符合剧情的发展，要理清故事的发展情节，要取其精华，只有这样才能保证剪辑工作的顺利进行。

2．帧和场

帧是视频技术常用的最小单位，一帧是由两次扫描获得的一幅完整图像的模拟信号，视频信号的每次扫描称为场。视频信号扫描的过程是从图像左上角开始，水平向右到达图像右边后迅速返回左边，并另起一行重新扫描。这种从一行到另一行的返回过程称为水平消隐。每一帧扫描结束后，扫描点从图像的右下角返回左上角，再开始新一帧的扫描。从右下角返回左上角的时间间隔称为垂直消隐。一般行频表示每秒扫描多少行，场频表示每秒扫描多少场，帧频表示每秒扫描多少帧。

3．分辨率

分辨率即帧的大小，表示单位区域内垂直和水平的像素数值，一般单位区域中像素数值越大，图像显示越清晰，分辨率也就越高。分辨率是屏幕画面的精密度，是指显示器所能显示的像素的多少。由于屏幕上的点、线和面都是由像素组成的，显示器可显示的像素越多，画面就越精细，同样的屏幕区域内能显示的信息也越多，所以分辨率是个非常重要的性能指标之一。可以把整个画面想象成是一个大型的棋盘，而分辨率的表示方式就是所有经线和纬线交叉点的数目。不同电视制式的不同分辨率，用途也会有所不同。

4．获取与压缩

获取是将模拟的原始影像或声音素材数字化，并通过软件存入电脑的过程，比如拍摄电影的过程就是典型的实时获取。压缩是用于重组或删除数据以减小剪辑文件尺寸的特殊方法。在压缩影像文件时，可在第一次获取到计算机时进行压缩，或者在 Premiere Pro CC 中进行编辑时再压缩。由于数字视频原有的容量占用空间十分庞大，因此为了方便传送与播放，压缩视频是所有视频编辑人员必须掌握的技术。

5．QuickTime

QuickTime 是一款拥有强大的多媒体技术的内置媒体播放器，可让用户以各式各样的文件格式观看互联网视频、高清电影预告片和个人媒体作品，更可让用户以非比寻常的高品质欣赏这些内容。QuickTime 不仅仅是一个媒体播放器，而且是一个完整的多媒体架构，可以用来进行多种媒体的创建、生产和分发，并为这一过程提供端到端的支持。

包括媒体的实时捕捉、以编程的方式合成媒体、导入和导出现有的媒体，还有编辑和制作、压缩、分发以及用户回放等多个环节。

QuickTime 是一个跨平台的多媒体架构，可以运行在 Mac OS 和 Windows 系统上，如图 1-1 所示。它的构成元素包括一系列多媒体操作系统扩展（在 Windows 系统上实现为 DLL），一套易于理解的 API，一种文件格式，以及一套诸如 QuickTime 播放器、QuickTime ActiveX 控件、QuickTime 浏览器插件这样的应用程序。

图 1-1　QuickTime 播放器

6．Video Windows

Video Windows 是由 Microsoft 公司开发的一种影像格式，俗称 AVI 电影格式。

Video Windows 有着与 QuickTime 同样能播放数字化电影的功能。Video Windows 可以在 Windows 应用程序中综合声音、影像以及动画。AVI 电影也是一种在个人计算机上播放的数字化电影。

1.1.2　视频编辑的过程

一段完整的视频需要经过烦琐的编制过程，包括取材、整理与策划、剪辑与编辑、后期加工、添加字幕以及后期配音等。本节将介绍视频制作过程的基础知识。

1．取材

所谓的取材可以简单的理解为收集原始素材或收集未处理的视频及音频文件。在进行视频取材时，用户可以通过录像机、数码相机、扫描仪以及录音机等数字设备进行收集。

2．整理与策划

使用整理和策划，可以制作出一个完美的视频片段的思路，下面介绍整理与策划的基础内容。

当拥有了众多的素材文件后，用户需要做的第一件事就是整理杂乱的素材，并将其策划出来。策划是一个简单的编剧过程，一部影视节目往往需要从剧本编写到分镜头脚本的编写，最终到交付使用或放映。相对影视节目来说，家庭影视在制作过程中会显得随意一些。

3. 剪辑与编辑

视频的剪辑与编辑是整个制作过程中最重要的一个项目。

剪辑，即将影片制作中所拍摄的大量素材，经过选择、取舍、分解与组接，最终完成一个连贯流畅、含义明确、主题鲜明并有艺术感染力的作品。

视频的剪辑与编辑决定着最终的视频效果，如图 1-2 所示。因此，用户除了需要拥有充足的素材外，还要对视频编辑软件有一定的熟练程度。

图 1-2　剪辑效果

▶ 专家指点

在学习剪辑与编辑影视时，用户需要对蒙太奇的概念有所了解。蒙太奇（Montage）在法语是【剪接】的意思。当不同的镜头拼接在一起时，往往又会产生各个镜头单独存在时所不具有的含义，可以称蒙太奇为画面与声音的语言。

4. 后期加工

后期加工主要是指在制作完视频的简单编辑后，对视频进行一些特殊的编辑操作。经过了剪辑和编辑后，用户可以为视频添加一些特效和转场动画，这些后期加工可以增加视频的艺术效果，如图 1-3 所示。

图 1-3　后期加工的黑白艺术画面

▶ 专家指点

在影视的后期制作与剪辑中，Premiere 占据重要的地位，被人们用来剪辑、合成视频片段，以及制作简单的后期特效等，运用 Premiere 在后期制作中，还可以加入声音，以及渲染输出多种格式的视频文件等。

5．添加字幕

在制作视频时，为视频文件添加字幕效果，可以凸显出视频的主题意思。

在众多视频编辑软件中都提供了独特的文字编辑功能，用户可以展现想象空间，利用这些工具添加各种字幕效果，如图 1-4 所示。

图 1-4　字幕效果

6．后期配音

摄制组工作的后期阶段是将记录在胶片上的每一个镜头由导演、剪辑师经心筛选与取舍后，按一场戏、一场戏地顺序组接起来，形成画面连接的半成品；再由导演和录音师把各场戏的对白(角色所说的话)、效果、音响、音乐（包括电影中的歌曲）等录制在磁片上，经混合录制成各种音响连接的另一半成品；最后经由摄影师对组接好的画面进行配光、调色等工艺处理，然后把全部音响以光学手段混合录制在画面的胶片上，成为一部成品，即完成拷贝。此时影片的全部制作才算完成。

后期配音是指为影片或多媒体加入声音的过程。大多数视频制作都会将配音放在最后一步，这样可以节省不必要的重复工作。音乐的加入可以很直观传达视频中的情感和氛围。

1.1.3　Premiere Pro CC 支持的图像格式

Premiere Pro CC 支持多种类型的图像格式，用户可以将需要的图像格式导入到时间线面板的视频轨道中。Premiere Pro CC 支持的图像格式包括 JPEG 格式、PNG 格式、BMP 格式、GIF 格式以及 TIF 格式等，以下作简单介绍。

1．JPEG 格式

JPEG 格式是一种有损压缩格式，能够将图像压缩在很小的存储空间，图像中重复或不重要的资料会被丢失，因此容易造成图像数据的损伤。尤其是使用过高的压缩比例，将使最终解压缩后恢复的图像质量明显降低，如果追求高品质图像，不宜采用过高压缩比例。

JPEG 压缩技术先进，它用有损压缩方式去除冗余的图像数据，在获得极高的压缩率的同时能展现丰富生动的图像，也就是可以用最少的磁盘空间得到较好的图像品质。而且 JPEG 是一种很灵活的格式，具有调节图像质量的功能，允许用不同的压缩比例对文件进行压缩，支持多种压缩级别，压缩比率通常在 10:1 到 40:1 之间，压缩比越大，品质就越低；相反地，品质就越高。

　　JPEG 格式的应用非常广泛，特别是在网络和光盘读物上，都能找到它的身影。各类浏览器均支持 JPEG 这种图像格式，因为 JPEG 格式的文件尺寸较小，下载速度快。如图 1-5 所示。

图 1-5　JPEG 图像画质

2．PNG 格式

　　PNG 用来存储灰度图像时，灰度图像的深度可多到 16 位，存储彩色图像时，彩色图像的深度可多到 48 位，并且还可存储多到 16 位的通道数据。PNG 使用从 LZ77 派生的无损数据压缩算法。一般应用于 JAVA 程序中，或网页或 S60 程序中是因为它压缩比高，生成文件容量小。PNG 格式具有体积小、无损压缩、索引彩色模式、更优化的网络传输显示和支持透明效果等特性，PNG 同时还支持真彩和灰度级图像的 Alpha 通道透明度。

3．BMP 格式

　　BMP 是 Windows 操作系统中的标准图像文件格式，可以分成两类：设备相关位图（DDB）和设备无关位图（DIB），使用非常广。它采用位映射存储格式，除了图像深度可选以外，不采用其他任何压缩。因此，BMP 文件所占用的空间很大。BMP 文件的图像深度可选 1bit、4bit、8bit 及 24bit。BMP 文件存储数据时，图像的扫描方式是按从左到右、从下到上的顺序。由于 BMP 文件格式是 Windows 环境中交换与图有关的数据的一种标准，因此在 Windows 环境中运行的图形图像软件都支持 BMP 图像格式。

4．PCX 格式

　　PCX 是最早支持彩色图像的一种文件格式，目前支持 256 种颜色。

　　PCX 格式的图像文件由文件头和实际图像数据构成。文件头由 128 字节组成，描述版本信息和图像显示设备的横向、纵向分辨率以及调色板等信息，在实际图像数据中，表示图像数据类型和彩色类型。PCX 图像文件中的数据都是用 PCXREL 技术压缩后的图像数据。

5. GIF 格式

GIF 的原义是"图像互换格式"。GIF 文件的数据，是一种基于 LZW 算法的连续色调的无损压缩格式。其压缩率一般在 50%左右，它不属于任何应用程序。目前几乎所有相关软件都支持它，公共领域有大量的软件在使用 GIF 图像文件。GIF 图像文件的数据是经过压缩的，而且是采用了可变长度等压缩算法。GIF 格式的另一个特点是其在一个GIF 文件中可以存多幅彩色图像，如果把存储于一个文件中的多幅图像数据逐幅读出并显示到屏幕上，就可构成一种最简单的动画。

GIF 格式自 1987 年由 CompuServe 公司引入后，因其体积小而成像相对清晰，特别适合于初期慢速的互联网，从而深受欢迎。它采用无损压缩技术，只要图像不多于 256色，则既可减少文件的大小，又保持成像的质量。然而，256 色的限制大大局限了 GIF文件的应用范围，如彩色相机等。当然采用无损压缩技术的彩色相机照片也不适合通过网络传输。另外，在高彩图片上有着不俗表现的 JPG 格式却在简单的折线上效果难以差强人意。因此，GIF 格式普遍适用于图表、按钮等只需少量颜色的图像（如黑白照片）。

6. TIFF 格式

TIFF 格式为图像文件格式，此图像格式复杂，存储内容多，占用存储空间大，其大小是 GIF 图像的 3 倍，是相应的 JPEG 图像的 10 倍，最早流行于 Macintosh，现在 Windows主流的图像应用程序都支持此格式。

TIFF 与 JPEG 和 PNG 一起成为流行的高位彩色图像格式。TIFF 格式在业界得到了广泛的支持，如 Adobe 公司的 Photoshop、Jasc 的 GIMP、Ulead PhotoImpact 和 Paint ShopPro 等图像处理应用、QuarkXPress 和 Adobe InDesign 这样的桌面印刷和页面排版应用、扫描、传真、文字处理、光学字符识别和其他一些应用等都支持这种格式。从 Aldus 获得了 PageMaker 印刷应用程序的 Adobe 公司现在控制着 TIFF 规范。TIFF 文件格式适用于在应用程序之间和计算机平台之间的交换文件，它的出现使得图像数据交换变得简单。

TIFF 是复杂的一种位图文件格式。TIFF 是基于标记的文件格式，它广泛地应用于对图像质量要求较高的图像的存储与转换。由于它的结构灵活和包容性大，它已成为图像文件格式的一种标准，绝大多数图像系统都支持这种格式。

7. TGA 格式

TGA 属于一种图形、图像数据的通用格式，在多媒体领域有很大影响，是计算机生成图像向电视转换的一种首选格式。

TGA（Targa）格式是计算机上应用最广泛的图像格式，在兼顾了 BMP 的图像质量的同时又兼顾了 JPEG 的体积优势，并且还有自身的特点：通道效果、方向性。TGA 在CG 领域常作为影视动画的序列输出格式，因为兼具体积小和效果清晰的特点。

TGA 格式（Tagged Graphics）是由美国 Truevision 公司为其显示卡开发的一种图像文件格式，文件后缀为".tga"，已被国际上的图形、图像工业所接受。TGA 的结构比较简单，属于一种图形、图像数据的通用格式，在多媒体领域有很大影响，是计算机生成图像向电视转换的一种首选格式。TGA 图像格式最大的特点是可以做出不规则形状的图形、图像文件，一般图形、图像文件都为四方形，若需要有圆形、菱形甚至是缕空的图像文件时，TGA 就派上用场了。TGA 格式支持压缩，使用不失真的压缩算法，其图像画质如图 1-6 所示。

图 1-6　TGA 图像画质

8. EXIF 格式

EXIF 的图像格式是 1994 年 FUJI 公司提倡的数码相机图像文件格式，其实与 JPEG 格式相同。

EXIF 格式就是在 JPEG 格式头部插入了数码照片的信息，包括拍摄时的光圈、快门、白平衡、ISO、焦距、日期时间等各种和拍摄条件以及相机品牌、型号、色彩编码、拍摄时录制的声音以及全球定位系统（GPS）、缩略图等。简单地说，EXIF＝JPEG＋拍摄参数。因此，用户可以利用任何查看 JPEG 文件的看图软件浏览 EXIF 格式的照片，但并不是所有的图形程序都能处理 EXIF 信息。

9. FPXA 格式

FPX 是一个拥有多重分辨率的影像格式，即影像被存储成一系列高低不同的分辨率。

FPX 格式的好处是当影像被放大时仍可维持影像的质量。另外，当修饰 FPX 影像时，只会处理被修饰的部分，不会把整幅影像一并处理，从而减小处理器及记忆体的负担，使影像处理时间减少。

10. PSD 格式

PSD 文件格式是 Photoshop 图像处理软件的专用文件格式，可以支持图层、通道、蒙板和不同色彩模式的各种图像特征。

PSD/PDD 是 Adobe 公司的图形设计软件 Photoshop 的专用格式。PSD 文件可以存储为 RGB 或 CMYK 模式，能够自定义颜色数并加以存储，还可以保存 Photoshop 的图层、通道、路径等信息，是目前唯一能够支持全部图像色彩模式的格式。PSD 文件的体积庞大，大多平面软件可以通用（如 CDR、AI、AE 等），另外其他类型编辑软件内也可使用，例如 Office 系列。由于 PSD 格式的图像文件很少为其他软件和工具所支持，所以在图像制作完成后，通常需要转化为一些比较通用的图像格式，以便于输出到其他软件中继续编辑。

11．CDR 格式

CDR 是绘图软件 CorelDraw 的专用图形格式。由于 CorelDraw 是矢量图形绘制软件，所以 CDR 可以记录文件的属性、位置和分页等。

CDR 文件属于 CorelDraw 专用文件存储格式，必须使用匹配软件才能打开浏览，用户需要安装 CorelDraw 相关软件后才能打开该图形文件。但 CDR 格式的兼容性比较差，所以只能在 CorelDraw 应用程序中使用，其他图像编辑软件均不能打开此类文件。

1.1.4　Premiere Pro CC 支持的视频格式

数字视频是用于压缩图像和记录声音数据及回放过程的标准，同时包含了 DV 格式的设备和数字视频压缩技术本身。

在视频捕获的过程中，必须通过特定的编码方式对数字视频文件进行压缩，在尽可能地保证影像质量的同时，有效地减小文件大小，否则会占用大量的磁盘空间，对数字视频进行压缩编码的方法有很多，也因此产生了多种数字视频格式。本节主要向读者介绍在 Premiere Pro CC 中支持的视频格式。

1．AVI 格式

AVI 英文全称为 Audio Video Interleaved，即音频视频交错格式。是将语音和影像同步组合在一起的文件格式。它对视频文件采用了一种有损压缩方式，但压缩比较高，尽管画面质量不是太好，但其应用范围仍然非常广泛。AVI 支持 256 色和 RLE 压缩，AVI 信息主要用于多媒体光盘上，用来保存电视电影等各种影像信息。

AVI 格式是视频文件的主流格式，这种格式的文件随处可见，比如一些游戏、教育软件的片头、多媒体光盘等。

2．MJPEG 格式

MJPEG 类型的视频文件是 Motion JEPG 的简称，即动态 JPEG。MJPEG 格式以 25 帧/秒的速度使用 JPEG 算法压缩视频信号，完成动态视频的紧缩。

MJPEG 广泛应用于非线性编辑领域，可精确到帧编辑和多层图像处理，把运动的视频序列作为连续的静止图像来处理，这种压缩方式单独完整地压缩每一帧，在编辑过程中可随机存储每一帧。另外，MJPEG 的压缩和解压缩是对称的，可由相同的硬件和软件实现。但 MJPEG 只对帧内的空间冗余进行压缩，不对帧间的时间冗余进行压缩，故压缩效率不高。

3．MPEG 格式

MPEG 类型的视频文件是由 MPEG 编码技术压缩而成的视频文件，被广泛应用于 VCD/DVD 及 HDTV 的视频编辑与处理中。

MPEG 标准的视频压缩编码技术主要利用了具有运动补偿的帧间压缩编码技术以减小时间冗余度，利用 DCT 技术以减小图像的空间冗余度，利用熵编码则在信息表示方面减小了统计冗余度。这几种技术的综合运用，大大增强了压缩性能。

MPEG 包括 MPEG-1、MPEG-2、MPEG-4、MPEG-7 及 MPEG-21 等。

4. MOV 格式

MOV 即 QuickTime 影片格式，它是 Apple 公司开发的一种音频、视频文件格式，用于存储常用数字媒体类型。当选择 QuickTime（*.mov）作为"保存类型"时，动画保存为.mov 文件。

QuickTime（MOV）是 Apple 公司提供的系统及代码的压缩包，它拥有 C 和 Pascal 的编程界面，更高级的软件可以用它来控制时基信号。应用程序可以用 QuickTime 来生成、显示、编辑、拷贝、压缩影片和影片数据。除了处理视频数据以外，诸如 QuickTime 3.0 还能处理静止图像、动画图像、矢量图、多音轨以及 MIDI 音乐等对象。

QuickTime 因具有跨平台、存储空间要求小等技术特点，而采用了有损压缩方式的 MOV 格式文件，画面效果相较于 AVI 格式要好一些。这种格式有些非编软件也可以对它进行实时处理，其中包括 Premiere、会声会影、After Effects 和 EDIUS 等专业非编软件。MOV 格式的视频画质如图 1-7 所示。

图 1-7　MOV 视频画质

5. RM/RMVB 格式

RM 格式和 RMVB 格式都是由 Real Networks 公司制定的视频压缩规范创建的文件格式。

RMVB 是一种视频文件格式，RMVB 中的 VB 指 VBR Variable Bit Rate（可改变之比特率），较上一代 RM 格式画面要清晰很多，原因是降低了静态画面下的比特率，可以用 RealPlayer、暴风影音、QQ 影音等播放软件。

RM 格式的视频只适合于本地播放，而 RMVB 格式除了可以进行本地播放外，还可以通过互联网播放，因此，深受用户欢迎。

6. WMV 格式

随着网络化的迅猛发展,互联网实时传播的视频文件 WMV 视频格式逐渐流行起来。

WMV 是 Microsoft 公司推出的一种流媒体格式。在同等视频质量下，WMV 格式的体积非常小，很适合在网上播放和传输。WMV 格式的主要优点在于：可扩充的媒体类型、本地或网络回放、可伸缩的媒体类型、多语言支持以及可扩展性等。

7. FLV 格式

FLV 格式是 FLASH VIDEO 的简称，FLV 流媒体格式是随着 Flash MX 的推出发展而来的视频格式。由于它文件小而加载速度很快，使得网络观看视频文件成为可能，它的出现有效地解决了视频文件导入 Flash 后，使导出的 SWF 文件体积庞大，不能在网络上很好的使用等问题。

1.1.5　Premiere Pro CC 支持的音频格式

数字音频是用来表示声音强弱的数据序列，由模拟声音经抽样、量化和编码后得到。简单地说，数字音频的编码方式就是数字音频格式，不同的数字音频设备对应着不同的音频文件格式，如 WAV、MP3、MIDI 以及 WMA 等。下面介绍数字音频格式的基础知识。

1. MP3 格式

MP3 格式诞生于 20 世纪 80 年代，采用了有损压缩算法的音频文件格式。

MP3 音频的编码采用了 10：1～12：1 的高压缩率，并且保持低音频部分不失真，为了文件的尺寸，MP3 声音牺牲了声音文件中的 12kHz 到 16kHz 高音频部分的质量。

MP3 所以成为目前最为流行的一种音乐文件，原因是 MP3 可以根据不同需要采用不同的采样率进行编码。其中，127kbps 采样率的音质接近于 CD 音质，而其大小仅为 CD 音乐的 10%。

2. WAV 格式

WAV 音频格式是一种 Windows 本身存放数字声音的标准格式，符合 RIFF 文件规范。

WAV 格式用于保存 Windows 平台的音频信息资源，被 Windows 平台及其应用程序所广泛支持，该格式也支持 MSADPCM、CCITT A LAW 等多种压缩运算法，支持多种音频数字、取样频率和声道。标准格式化的 WAV 文件和 CD 音质格式一样，也是 44.1K 的取样频率，16 位量化数字，因此在声音文件质量和 CD 相差无几。WAV 音频文件的音质在各种音频文件中是最好的，但其体积也是最大的，因此不适用于网络传播。

3. MIDI 格式

MIDI 并不能算是一种数字音频文件格式，而是电子乐器传达给计算机的一组指令，让其音乐信息在计算机中重现。

MIDI 是一种电子乐器之间以及电子乐器与电脑之间的统一交流协议。很多流行的游戏、娱乐软件中都有不少以 MID、RMI 为扩展名的 MIDI 格式音乐文件。

MIDI 文件是一种描述性的"音乐语言"，它将所要演奏的乐曲信息用字节进行描述。比如在某一时刻，使用什么乐器，以什么音符开始，以什么音调结束，加以什么伴奏等，也就是说 MIDI 文件本身并不包含波形数据，所以 MIDI 文件非常小巧。

4．WMA 格式

WMA 是 Microsoft 公司推出的，与 MP3 格式齐名的一种新的音频格式。

由于 WMA 在压缩比和音质方面都超过了 MP3，更是远胜于 RA（Real Audio），即使在较低的采样频率下也能产生较好的音质。一般使用 Windows Media Audio 编码格式的文件以 WMA 作为扩展名，一些使用 Windows Media Audio 编码格式编码其所有内容的纯音频 ASF 文件也使用 WMA 作为扩展名。

1.2　Pmiere Pro CC 的主要功能

Premiere Pro CC 是一款具有强大编辑功能的视频编辑软件，其简单的操作步骤、简明的操作界面、多样化的效果受到广大用户的青睐。本节将对 Premiere Pro CC 的主要功能进行详细的介绍。

1.2.1　滤镜特效功能

添加效果可以使得原始素材更具有艺术氛围。在 Premiere Pro CC 中，系统自带有许多不同风格的效果滤镜，为视频或素材图像添加效果滤镜，可以增加素材的美感度，如图 1-8 所示。

图 1-8　风格化滤镜效果

1.2.2　画面转场功能

段落与段落、场景与场景之间的过渡或转换，就叫作转场。

Premiere Pro CC 中能够让各种镜头实现自然的过渡，如黑场、淡入、淡出、闪烁、翻滚以及 3D 转场效果，用户可以通过这些常用的转场让镜头之间的衔接更加完美。如图 1-9 所示为向上折叠转场效果。

图 1-9　向上折叠转场效果

1.2.3　剪辑编辑功能

经过多次的升级与修正，Premiere Pro CC 拥有了许多种的编辑工具。Premiere Pro CC 中的剪辑与编辑功能，除了可以轻松剪辑视频与音频素材外，还可以直接改变素材的播放速度、排列顺序等。

1.2.4　字幕制作功能

字幕指以文字形式显示电视、电影、舞台作品里面的对话等非影像内容，也泛指影视作品后期加工的文字。

字幕在电影银幕或电视机荧光屏下方出现的外语对话的译文或其他解说文字以及种种文字，如影片的片名、演职员表、唱词、对白、说明词、人物介绍、地名和年代等。将节目的语音内容以字幕方式显示，可以帮助听力较弱的观众理解节目内容。

另外，字幕也能用于翻译外语节目，让不理解该外语的观众，既能听见原作的声带，同时理解节目内容。

字幕工具能够创建出各种效果的静态或动态字幕，灵活运用这些工具可以使影片的内容更加丰富多彩，如图 1-10 所示。

图 1-10　渐变填充字幕效果

1.2.5　音频处理功能

在为视频素材中添加音乐文件后，用户可以对添加的音乐文件进行特殊的处理效果。

中文版 Premiere Pro CC 实例教程

用户在 Premiere Pro CC 中不仅可以处理视频素材，还为用户提供了强大的音频处理功能，能直接剪辑音频素材，而且可以添加一些音频效果。

1.2.6 效果输出功能

输出主要是对制作的文件进行导出的操作。

Premiere Pro CC 拥有强大输出功能，可以将制作完成后的视频文件输出成多种格式的视频或图片文件，如图 1-11 所示，还可以将文件输出到硬盘或刻录成 DVD 光盘。

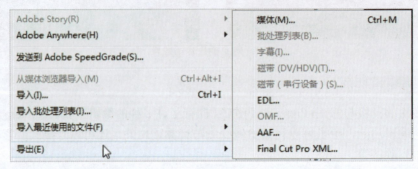

图 1-11　"导出"命令

1.3　启动与退出 Premiere Pro CC

了解完 Premiere Pro CC 的各个功能后，用户应该非常想尝试使用这一强大的软件了。在运用 Premiere Pro CC 进行视频编辑之前，用户首先要学习一些最基本的操作：启动与退出 Premiere Pro CC 程序。

1.3.1 启动 Premiere Pro CC

将 Premiere Pro CC 安装到计算机中后，就可以启动 Premiere Pro CC 程序，进行影视编辑操作，具体操作步骤如下。

步骤 01　用鼠标左键双击桌面上的 Adobe Premiere Pro CC 程序图标，如图 1-12 所示。

步骤 02　启动 Premiere Pro CC 程序，弹出 "欢迎使用 Adobe Premiere Pro" 对话框，单击 "新建项目" 链接，如图 1-13 所示。

▶ 专家指点

在安装 Adobe Premiere Pro CC 时，软件默认不在桌面创建快捷图标。用户可以在电脑左下方的 "所有程序" 列表中，选择 Adobe Premiere Pro CC 单击鼠标左键并拖曳至桌面上的空白位置处，即可在桌面上创建 Adobe Premiere Pro CC 的快捷方式图标；或是单击鼠标右键发送到"桌面快捷方式"，可以在桌面上双击 Adobe Premiere Pro CC 程序图标，即可启动 Premiere Pro CC 程序。

图 1-12　双击程序图标

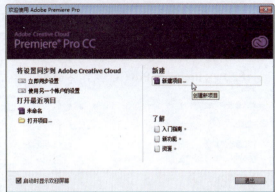

图 1-13　单击"新建项目"链接

步骤 03　弹出"新建项目"对话框，设置项目名称与位置，然后单击"确定"按钮，如图 1-14 所示。

步骤 04　执行操作后，即可新建项目，进入 Premiere Pro CC 工作界面，如图 1-15 所示。

图 1-14　单击"确定"按钮

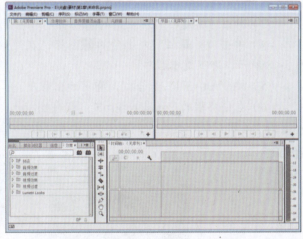

图 1-15　Premiere Pro CC 工作界面

▶ 专家指点

通过以下 3 种方法可以启动 Adobe Premiere Pro CC 软件。

（1）单击"开始"按钮，在弹出的"开始"菜单中单击 Adobe Premiere Pro CC 命令。

（2）在 Windows 桌面上选择 Adobe Premiere Pro CC 图标，单击鼠标右键，在弹出的快捷菜单中，选择"打开"选项。

（3）也可以在电脑中双击 prproj 格式的项目文件，即可启动 Adobe Premiere Pro CC 应用程序并打开项目文件。

1.3.2　退出 Premiere Pro CC

在 Premiere Pro CC 中保存项目后，执行"文件"｜"退出"命令，如图 1-16 所示。执行操作后，即可退出 Premiere Pro CC 程序。

完成影视的编辑后，不再需要使用 Premiere Pro CC，则可以退出该程序。

退出 Premiere Pro CC 程序有以下 6 种方法：

（1）按 "Ctrl + Q" 组合键，即可退出程序。

（2）在 Premiere Pro CC 操作界面中，单击右上角的 "关闭" 按钮，如图 1-17 所示。

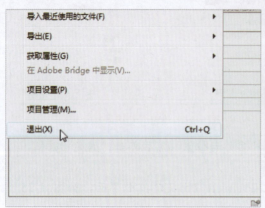

图 1-16　单击 "退出" 命令　　　　　图 1-17　单击 "关闭" 按钮

（3）双击 "标题栏" 左上角的 Pr 图标，即可退出程序。

（4）单击 "标题栏" 左上角的 Pr 图标，在弹出的列表框中选择 "关闭" 选项，如图 1-18 所示，即可退出程序。

（5）按 "Alt + F4" 组合键，即可退出程序。

（6）在任务栏的 Premiere Pro CC 程序图标上，单击鼠标右键，在弹出的快捷菜单中选择 "关闭窗口" 选项，如图 1-19 所示，也可以退出程序。

图 1-18　选择 "关闭" 选项　　　　　图 1-19　选择 "关闭窗口" 选项

1.4　Premiere Pro CC 工作界面

在启动 Premiere Pro CC 后，可以看到 Premier Pro CC 简洁的工作界面。界面中主要包括标题栏、"监视器" 面板以及 "历史记录" 面板等。本节将对 Premiere Pro CC 工作界面进行介绍。

1.4.1　标题栏

标题栏位于 Premiere Pro CC 软件窗口的最上方，显示了系统当前正在运行的程序名及文件名等信息。

Premiere Pro CC 默认的文件名称为"未命名"，单击标题栏右侧的按钮组 ，可以"最小化""最大化"或"关闭"应用 Premiere Pro CC 程序窗口。

1.4.2　菜单栏

与 Adobe 公司其他产品一样，标题栏位于 Premiere Pro CC 工作界面的最上方，菜单栏提供了 8 组选项，位于标题栏的下方。Premiere Pro CC 的菜单栏由"文件""编辑""剪辑""序列""标记""字幕""窗口"和"帮助"组成。下面将对各命令进行介绍。

➢ **"文件"：**主要用于对项目文件进行操作，包含"新建""打开项目""关闭项目""保存""另存为""保存副本""捕捉""批量捕捉""导入""导出"以及"退出"等命令，如图 1-20 所示。

➢ **"编辑"：**主要用于一些常规编辑操作，包含"撤销""重做""剪切""复制""粘贴""清除""波纹删除""全选""查找""标签""快捷键"以及"首选项"等命令，如图 1-21 所示。

图 1-20　"文件"菜单

图 1-21　"编辑"菜单

▶ 专家指点

当用户将鼠标指针移至菜单中带有三角图标的命令时，该命令将会自动弹出子菜单；如果命令呈灰色显示，表示该命令在当前状态下无法使用；单击带有省略号的命令，将会弹出相应的对话框。

➢ **"剪辑"：**主要用于实现对素材的具体操作，Premiere Pro CC 中剪辑影片的大多数命令位于该菜单中，如"重命名""修改""视频选项""捕捉设置""覆盖"以及"替换素材"等命令，如图 1-22 所示。

➢ **"序列"**：主要用于对项目中当前活动的序列进行编辑和处理，包含"序列设置""渲染音频""提升""提取""放大""缩小""添加轨道"以及"删除轨道"等命令，如图 1-23 所示。

图 1-22 "剪辑"菜单　　　　　　　　　图 1-23 "序列"菜单

➢ **"标记"**：主要用于对素材和场景序列的标记进行编辑处理，包含"标记入点""标记出点""转到入点""转到出点""添加标记"以及"清除所有标记"等命令，如图 1-24 所示。

➢ **"字幕"**：主要用于实现字幕制作过程中的各项编辑和调整操作，包含"新建字幕""字体""大小""文字对齐""方向""选择"以及"排列"等命令，如图 1-25 所示。

图 1-24 "标记"菜单　　　　　　　　　图 1-25 "字幕"菜单

➢ **"窗口"**：主要用于实现对各种编辑窗口和控制面板的管理操作，包含"工作区""扩展"等命令，如图 1-26 所示。

➢ **"帮助"**：可以为用户提供在线帮助，包含"Adobe Premiere Pro 帮助""Adobe

Premiere Pro 支持中心""键盘""登录"以及"更新"等命令，如图 1-27 所示。

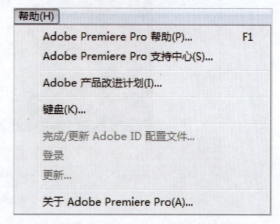

图 1-26　"窗口"菜单　　　　　　　　　　　图 1-27　"帮助"菜单

1.4.3　认识监视器面板的显示模式

启动 Premiere Pro CC 软件并任意打开一个项目文件后，此时默认的"监视器"面板分为"素材源"和"节目监视器"两部分，如图 1-28 所示，也可以将其设置为"浮动窗口"模式，如图 1-29 所示。

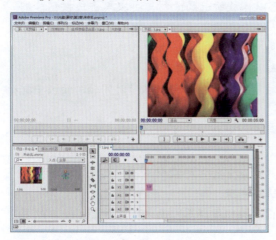

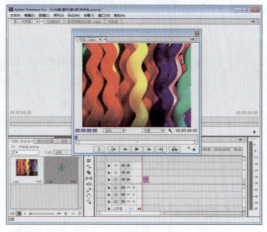

图 1-28　默认显示模式　　　　　　　　　　图 1-29　"浮动窗口"模式

1.4.4　认识监视器面板中的工具

"监视器"面板可以分为以下两种。

（1）"源监视器"面板：在该面板中可以对项目进行剪辑和预览。

（2）"节目监视器"面板：在该面板中可以预览项目素材，如图 1-30 所示。

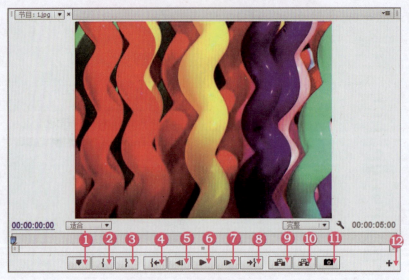

图 1-30 "源监视器"面板

在"节目监视器"面板中各个图标的含义如下。

➢ ❶ **添加标记：**单击该按钮可以显示隐藏的标记。

➢ ❷ **标记入点：**单击该按钮可以将时间轴标尺所在的位置标记为素材入点。

➢ ❸ **标记出点：**单击该按钮可以将时间轴标尺所在的位置标记为素材出点。

➢ ❹ **转到入点：**单击该按钮可以跳转到入点。

➢ ❺ **逐帧后退：**每单击该按钮一次即可将素材后退一帧。

➢ ❻ **播放–停止切换：**单击该按钮可以播放所选的素材，再次单击该按钮，则会停止播放。

➢ ❼ **逐帧前进：**每单击该按钮一次即可将素材前进一帧。

➢ ❽ **转到出点：**单击该按钮可以跳转到出点。

➢ ❾ **插入：**单击该按钮可以将在播放窗口中标注的素材从"时间轴"面板中提出，其他素材的位置不变。

➢ ❿ **提升：**单击该按钮可以将在播放窗口中标注的素材从"时间轴"面板中提出，其他素材的位置不变。

➢ ⓫ **提取：**单击该按钮可以将在播放窗口中标注的素材从"时间轴"面板中提取，后面的素材位置自动向前对齐填补间隙。

➢ ⓬ **按钮编辑器：**单击该按钮将弹出"按钮编辑器"面板，在该面板中可以重新布局"监视器"面板中的按钮。

1.4.5 认识"历史记录"面板

在 Premiere Pro CC 中，"历史记录"面板主要用于记录编辑操作时执行的每一个命令。用户可以通过在"历史记录"面板中删除指定的命令，来还原之前的编辑操作，如图 3-17 所示。当用户选择"历史记录"面板中的历史记录后，单击"历史记录"面板右下角的"删除重做操作"按钮，即可将当前历史记录删除。

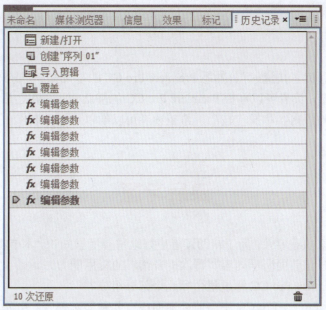

图 1-31　"历史记录"面板

1.4.6　认识"信息"面板

"信息"面板用于显示所选素材以及当前序列中素材的信息。"信息"面板中包括素材本身的帧速率、分辨率、素材长度和素材在序列中的位置等，如图 1-32 所示。在 Premiere Pro CC 中不同的素材类型，"信息"面板中所显示的内容也会不一样。

图 1-32　"信息"面板

本章小结

本章主要引领读者快速入门，熟悉 Premiere Pro CC 的基础知识，认识并了解 Premiere Pro CC。学完本章，读者可以掌握 Premiere Pro CC 的基础知识，在之后的章节中，还可以学习到更多的知识内容和操作技巧，希望读者可以学以致用，制作出更多优秀的影视文件。

课后习题

鉴于本章知识的重要性，为了帮助读者更好地掌握所学知识，本节将通过思考习题，帮助读者巩固和强化前面所学内容，再次提升读者的应用能力。

1. 中文版 Pmiere Pro CC 标题栏由哪几个部分组成？
2. 在中文版 Pmiere Pro CC 中，监视器面板有几种显示模式？分别是哪几种？
3. 请问 Pmiere Pro CC 有哪几个主要功能？有哪些作用？
4. 退出 Pmiere Pro CC 有哪几种方式？
5. Pmiere Pro CC 支持的视频格式主要包括哪些？

第2章　管理视频项目文件

【本章导读】

Premiere Pro CC 是一款优秀的视频编辑软件，其强大的编辑功能、简洁的操作步骤得到广大视频用户的青睐。本章将详细介绍项目文件的创建、项目文件的打开、项目文件的保存和关闭以及使用工具编辑视频素材等内容，以供读者学习。

【本章重点】

➢ 掌握项目文件的基本操作
➢ 了解导入与应用素材文件
➢ 掌握使用工具编辑视频素材

2.1　项目文件的基本操作

在启动 Premiere Pro CC 后，首先需要做的就是创建一个新的工作项目。为此，Premiere Pro CC 提供了多种创建项目的方法。

2.1.1　创建项目文件

在启动 Premiere Pro 后，用户首先需要做的就是创建一个新的工作项目。为此，Premiere Pro CC 提供了多种创建项目的方法。在"欢迎使用 Adobe Premiere Pro"界面中，可以执行相应的操作进行项目创建。

启动 Premiere Pro CC 后，系统将自动弹出欢迎界面，界面中有"新建项目"和"打开项目"等拥有不同的功能的按钮，此时用户可以单击"新建项目"按钮，如图 2-1 所示，即可创建一个新的项目。

图 2-1　"欢迎使用 Adobe Premiere Pro"界面

除了通过欢迎界面新建项目外，也可以进入到 Premiere Pro CC 主界面中，通过"文件"进行创建，具体操作步骤如下。

步骤 01 执行"文件"|"新建"|"项目"命令，如图 2-2 所示。

步骤 02 弹出"新建项目"对话框，单击"浏览"按钮，如图 2-3 所示。

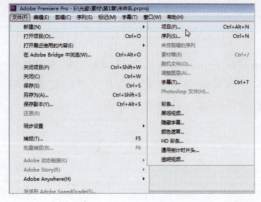

图 2-2 "项目"命令　　　　　　　　　图 2-3 "新建项目"对话框

步骤 03 弹出"请选择新项目的目标路径"对话框，在其中选择合适的文件夹，如图 2-4 所示。

步骤 04 单击"选择文件夹"按钮，弹出"新建项目"对话框，设置"名称"为"新建项目"，如图 2-5 所示。

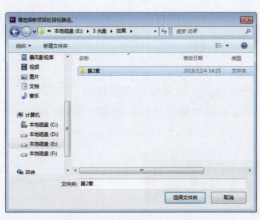

图 2-4 选择合适的文件夹　　　　　　　图 2-5 设置项目名称

步骤 05 单击"确定"按钮，执行"文件"|"新建"|"序列"命令，弹出"新建序列"对话框，单击"确定"按钮即可，如图 2-6 所示。

图 2-6　"新建序列"对话框

▶ 专家指点

　　除了上述两种创建新项目的方法外，用户还可以使用【Ctrl + Alt + N】组合键，实现快速创建一个项目文件。

2.1.2　打开项目文件

　　在欢迎界面中除了可以创建项目文件外，还可以打开项目文件。

　　启动 Premiere Pro CC 后，系统将自动弹出欢迎界面。此时，用户可以单击"打开项目"按钮，如图 2-7 所示，即可弹出"打开项目"对话框，选择需要打开的编辑项目，单击"打开项目"按钮即可。

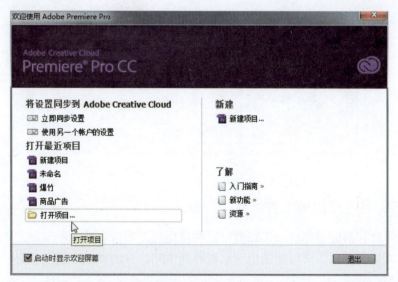

图 2-7　单击"打开项目"按钮

　　在 Premiere Pro CC 中，可以根据需要打开保存的项目文件。下面介绍使用"文件"

打开项目的操作方法。

步骤 01 执行 "文件"|"打开项目"命令，如图 2-8 所示。

步骤 02 弹出"打开项目"对话框，选择一个项目文件（素材\第 2 章\创意广告.prproj），
如图 2-9 所示。

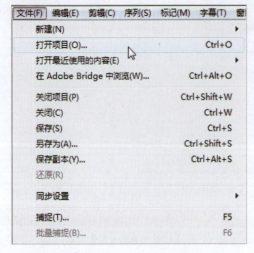

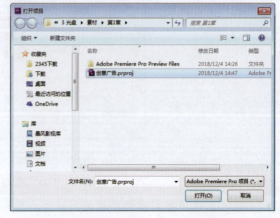

图 2-8 "打开项目"命令　　　　　　　　　　图 2-9 "打开项目"对话框

步骤 03 单击"打开"按钮即可打开项目文件，如图 2-10 所示。

图 2-10 打开项目文件

2.1.3 打开最近使用的文件

使用"打开最近使用项目"功能可以快速地打开项目文件。

进入欢迎界面后，可以单击位于欢迎界面中间部分的"最近使用项目"来打开上次编辑的项目，如图 2-11 所示。

另外，还可以进入 Premiere Pro CC 操作界面，通过执行"文件"|"打开最近使用的内容"命令，如图 2-12 所示，在弹出的菜单中选择需要打开的项目。

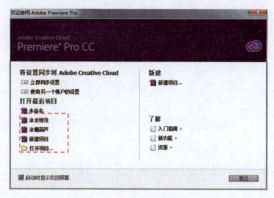

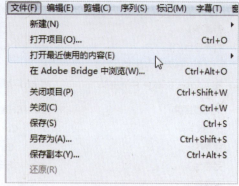

图 2-11　最近使用项目　　　　　　　图 2-12　"打开最近使用的内容"命令

▶ 专家指点

通过以下方式打开项目文件：

（1）通过按【Ctrl + Alt + O】组合键，打开 Bridge 浏览器，在浏览器中选择需要打开的项目或者素材文件。

（2）使用快捷键进行项目文件的打开操作，按【Ctrl + O】组合键，在弹出的"打开项目"对话框中选择需要打开的文件，单击"打开"按钮，即可打开当前选择的项目。

2.1.4　保存项目文件

为了确保所编辑的项目文件不会丢失，当编辑完当前项目文件后，可以将项目文件进行保存，以便下次进行修改操作。

步骤 01　在 Premiere Pro CC 界面中，按【Ctrl + O】组合键，打开项目文件（素材\第2章\特色清吧.prproj），如图 2-13 所示。

步骤 02　在"时间轴"面板中调整素材显示的长度，如图 2-14 所示。

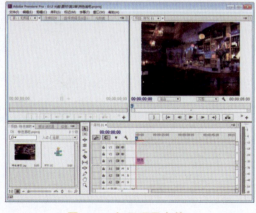

图 2-13　打开项目文件　　　　　　　图 2-14　调整素材长度

步骤 03　执行"文件"|"保存"命令，如图 2-15 所示。

步骤 04　弹出"保存项目"对话框，显示保存进度，即可保存项目，如图 2-16 所示。

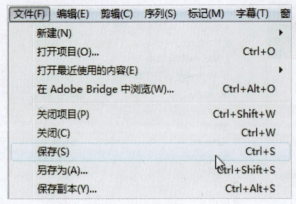

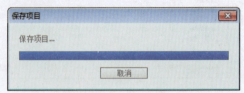

图 2-15　"保存"命令　　　　　　　图 2-16　"保存项目"对话框

2.1.5　关闭项目文件

当完成所有的编辑操作并将文件进行了保存，可以将当前项目关闭。

下面将介绍关闭项目的 3 种方法。

（1）如果需要关闭项目，可以执行"文件"|"关闭"命令，如图 2-17 所示。

（2）执行"文件"|"关闭项目"命令，如图 2-18 所示。

（3）按【Ctrl＋W】组合键，或者按【Ctrl＋Alt＋W】组合键，关闭项目操作即可。

图 2-17　"关闭"命令　　　　　　　图 2-18　"关闭项目"命令

2.2　导入与应用素材文件

在 Premiere Pro CC 中，掌握了项目文件的创建、打开、保存和关闭操作外，还可以在项目文件中进行素材文件的相关基本操作。

2.2.1　导入素材文件

　　导入素材是 Premiere 编辑的首要前提，通常所指的素材包括视频文件、音频文件、图像文件等。

步骤 01　按【Ctrl + Alt + N】组合键，弹出"新建项目"对话框，单击"确定"按钮，如图 2-19 所示，即可创建一个项目文件（素材\第 2 章\汽车广告.prproj）。

步骤 02　按【Ctrl + N】组合键新建一个序列，执行"文件"|"导入"命令，如图 2-20 所示。

图 2-19　单击"确定"按钮　　　　　　　　图 2-20　"导入"命令

步骤 03　弹出"导入"对话框，在对话框中，选择素材文件，单击"打开"按钮，如图 2-21 所示。

步骤 04　执行上述操作后，即可在"项目"面板中查看导入的图像素材文件，如图 2-22 所示。

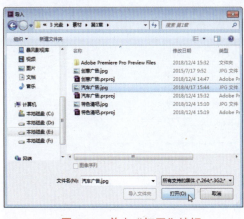
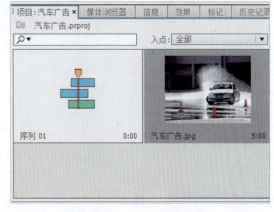

图 2-21　单击"打开"按钮　　　　　　　　图 2-22　查看素材文件

步骤 05　将图像素材拖曳至 V1 轨道中，并预览图像效果，如图 2-23 所示。

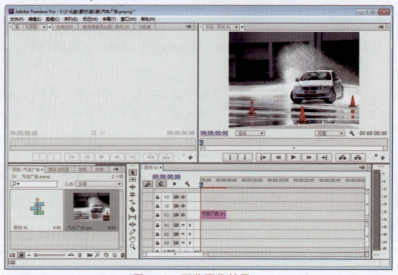

图 2-23　预览图像效果

2.2.2　应用项目素材

当使用的素材数量较多时，除了使用"项目"面板来对素材进行管理外，还可以将素材进行统一规划，并将其归纳于同一文件夹中。

打包项目素材的具体方法是：执行"文件"|"项目管理"命令，如图 2-24 所示，在弹出的"项目管理"对话框中，选择需要保留的序列。接下来，在"生成项目"选项区内设置项目文件归档方式，单击"确定"按钮，如图 2-25 所示。

图 2-24　"项目管理"命令

图 2-25　单击"确定"按钮

2.2.3　播放视频素材

在 Premiere Pro CC 中，导入素材文件后，可以根据需要播放导入的素材。

步骤　01　在 Premiere Pro CC 界面中，按【Ctrl + O】组合键，打开项目文件（素材\第2章\含苞待放.prproj），如图 2-26 所示。

步骤　02　在"节目监视器"面板中，单击"播放-停止切换"按钮，如图 2-27 所示。

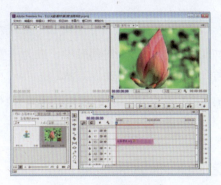

图 2-27　打开项目文件

图 2-28　单击"播放-停止切换"按钮

步骤 03　执行操作后，即可播放导入的素材，在"节目监视器"面板中可预览图像素材效果，如图 2-28 所示。

图 2-28　预览图像素材效果

2.2.4　编组素材文件

当添加两个或两个以上素材文件时，可能会同时对多个素材进行整体编辑操作。

步骤 01　在 Premiere Pro CC 界面中，按【Ctrl + O】组合键，打开项目文件（素材\第 2 章\自助餐厅.prproj），选择两个素材，如图 2-29 所示。

步骤 02　在 V1 轨道中，单击鼠标右键，在弹出的快捷菜单中选择"编组"选项，如图 2-30 所示。

图 2-29　选择两个素材

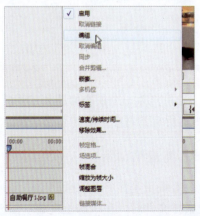

图 2-30　选择"编组"选项

步骤 03　执行操作后，即可编组素材文件。

2.2.5　嵌套素材文件

　　Premiere Pro CC 中的嵌套功能是将一个时间轴嵌套至另一个时间轴中，成为一整段素材使用，在很大程度上提高了工作效率。下面介绍嵌套功能的操作方法。

步骤 01　在 Premiere Pro CC 界面中，按【Ctrl + O】组合键，打开项目文件（素材\第 2 章\荷花盛开.prproj），选择两个素材，如图 2-31 所示。

图 2-31　选择两个素材

步骤 02　在 V1 轨道中，单击鼠标右键，弹出快捷菜单，选择"嵌套"选项，如图 2-32 所示。

步骤 03　执行操作后，即可嵌套素材文件，在"项目"面板中将增加一个"嵌套序列 01"的文件，如图 2-33 所示。

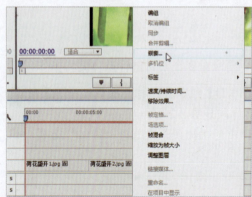

图 2-32　选择"嵌套"选项

图 2-33　增加"嵌套序列 01"文件

▶ **专家指点**

　　当用户为一个嵌套的序列应用特效时，Premiere Pro CC 将自动将特效应用于嵌套序列内的所有素材中，这样可以将复杂的操作简单化。

2.2.6　覆盖编辑素材

　　覆盖编辑是指将新的素材文件替换原有的素材文件。当"时间轴"面板中已经存在一段素材文件时，在"源监视器"面板中调出"覆盖"按钮，然后单击"覆盖"按钮，如图 2-34 所示，执行操作后，V1 轨道中的原有素材内容将被覆盖，如图 2-35 所示。

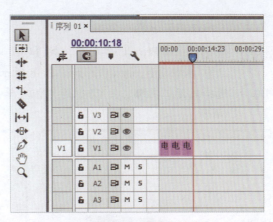

图 2-34　单击"覆盖"按钮　　　　　　　　图 2-35　覆盖素材效果

> ▶ 专家指点
>
> 　　当"监视器"面板的底部放置按钮的空间不足时，软件会自动隐藏一些按钮。可以单击右下角的按钮，在弹出的列表框中选择被隐藏的按钮。

2.3　使用工具编辑视频素材

　　Premiere Pro CC 中为用户提供了各种实用的工具，并将其集中在工具栏中。用户只有熟练掌握各种工具的操作方法，从而进一步熟练掌握 Premiere Pro CC 的编辑　技巧。

2.3.1　使用选择工具

　　选择工具作为 Premiere Pro CC 使用最为频繁的工具之一，其主要功能是选择一个或多个片段。如果需要选择单个片段，可以单击鼠标左键即可，如图 2-36 所示；如果需要选择多个片段，可以单击鼠标左键并拖曳，框选需要选择的多个片段，如图 2-37 所示。

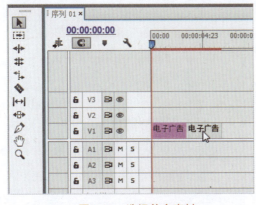

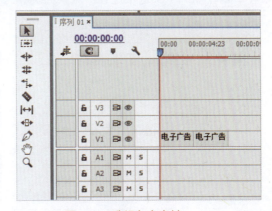

图 2-36　选择单个素材　　　　　　　　图 2-37　选择多个素材

2.3.2　使用剃刀工具

　　剃刀工具可以将一段选中的素材文件进行剪切，将其分成两段或几段独立的素材片段。下面介绍具体操作步骤。

步骤 01 在 Premiere Pro CC 界面中，按【Ctrl + O】组合键，打开项目文件（素材\第 2 章\冰糖葫芦.prproj），如图 2-38 所示。

步骤 02 选择剃刀工具，在 V1 轨道中依次单击鼠标左键，即可剪切素材，如图 2-39 所示。

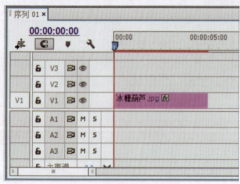

图 2-38 打开项目文件   图 2-39 剪切素材效果

2.3.3 使用滑动工具

滑动工具用于移动"时间轴"面板中素材的位置，该工具会影响相邻素材片段的出入点和长度，滑动工具包括外滑工具与内滑工具。

1. 外滑工具

使用外滑工具时，可以同时更改"时间轴"内某剪辑的入点和出点，并保留入点和出点之间的时间间隔不变。下面介绍外滑工具的操作方法。

步骤 01 在 Premiere Pro CC 界面中，按【Ctrl + O】组合键，打开项目文件（素材\第 2 章\城市的美.prproj），如图 2-40 所示。

步骤 02 在 V1 轨道中选择"城市的美 3"素材，并覆盖部分"城市的美 2"素材，选择外滑工具，如图 2-41 所示。

图 2-40 打开项目文件   图 2-41 选择外滑工具

步骤 03 单击鼠标左键并拖曳"城市的美 2"素材，在"节目监视器"面板中显示更改素材入点和出点的效果，如图 2-42 所示。

图 2-42　显示更改素材入点和出点的效果

2．内滑工具

使用内滑工具时，可将"时间轴"内的某个剪辑向左或向右移动，同时修剪其周围的两个剪辑，三个剪辑的组合持续时间以及该组在"时间轴"内的位置将保持不变。下面在上一例的基础上介绍内滑工具的操作方法。

步骤 01　选择内滑工具 ，单击鼠标左键并拖曳"城市的美 2"素材，即可将"城市的美 2"素材向左或向右移动，同时修剪其周围的两个素材文件，如图 2-43 所示。

步骤 02　释放鼠标后，即可确认更改"城市的美 2"素材的位置，如图 2-44 所示。

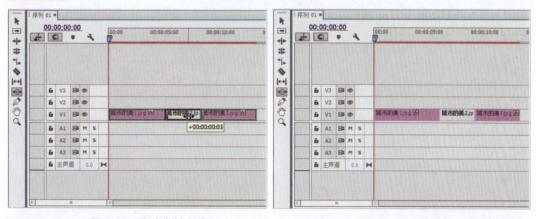

图 2-43　移动素材文件　　　　　　　　　图 2-44　更改"城市的美 2"素材的位置

▶ 专家指点

内滑工具与外滑工具最大的区别在于，使用内滑工具剪辑只能剪辑相邻的素材，而本身的素材不会被剪辑。

步骤 03 将时间指示器定位在"城市的美 1"素材的开始位置，在"节目监视器"面板中单击"播放-停止切换"按钮，即可观看更改后的视频效果，如图 2-45所示。

图 2-45 观看视频效果

2.3.4 使用比率拉伸工具

比率拉伸工具主要用于调整素材的速度。使用比率拉伸工具在"时间轴"面板中缩短素材，则会加快视频的播放速度；反之，拉长素材则速度减慢。下面介绍使用比率拉伸工具编辑素材的操作方法。

步骤 01 在 Premiere Pro CC 界面中，按【Ctrl＋O】组合键，打开项目文件（素材\第2章\水珠特效.prproj），如图 2-46 所示。

步骤 02 在"项目"面板中选择导入的素材文件，并将其拖曳至"时间轴"面板中的V1 轨道上，选择比率拉伸工具 ，如图 2-47 所示。

 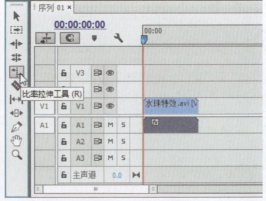

图 2-46 导入素材文件　　　　　　　　　图 2-47 选择比率拉伸工具

步骤 03 将鼠标移至添加的素材文件的结束位置，当鼠标变成比率拉伸图标时，单击鼠标左键并向左拖曳至合适位置上，释放鼠标，可以缩短素材文件，如图2-48 所示。

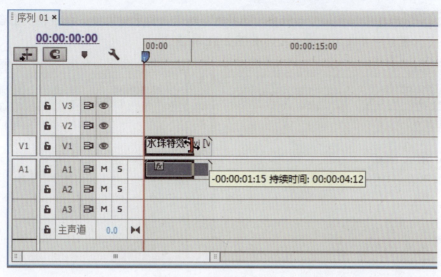

图 2-48　缩短素材对象

步骤 04　在"节目监视器"面板中单击"播放-停止切换"按钮，即可观看缩短素材后的视频播放效果，如图 2-49 所示。

▶ 专家指点

用与上同样的操作方法，拉长素材对象，在"节目监视器"面板中单击"播放"按钮，即可观看拉长素材后的视频播放效果。

图 2-49　比率拉伸工具编辑视频的效果

2.3.5　使用波纹编辑工具

使用波纹工具拖曳素材的出点可以改变所选素材的长度，而轨道上其他素材的长度不受影响。下面介绍波纹工具编辑素材的操作方法。

步骤 01　在 Premiere Pro CC 界面中，按【Ctrl + O】组合键，打开项目文件（素材\第 2 章\幸福一生.prproj），选择波纹编辑工具，如图 2-50 所示。

步骤 02 然后在"时间轴"面板中，选择 V1 轨道上的素材文件，向右拖曳至合适位置，即可改变素材长度，如图 2-51 所示。

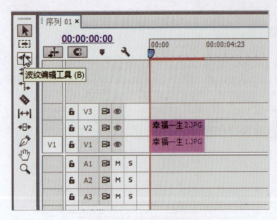

图 2-50 选择波纹编辑工具

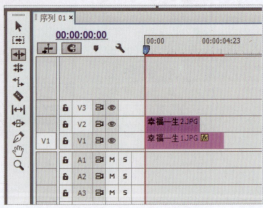

图 2-51 改变素材长度

2.3.6 使用轨道选择工具

轨道选择工具用于选择某一轨道上的所有素材，当用户按住【Shift】键的同时，可以切换到多轨道选择工具。

步骤 01 在 Premiere Pro CC 界面中，按【Ctrl + O】组合键，打开项目文件（素材\第2章\幸福一生.prproj），选择轨道选择工具 ，如图 2-52 所示。

步骤 02 然后在 V2 轨道上的素材文件上，单击鼠标左键，即可选择轨道上的素材，如图 2-53 所示。

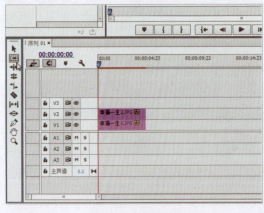

图 2-52 选择轨道选择工具

图 2-53 选择轨道上的素材

步骤 03 执行上述操作后，即可在"节目监视器"面板中查看视频效果，如图 2-54 所示。

图 2-54　视频效果

本章小结

　　本章主要介绍的是 Premiere Pro CC 管理视频项目文件的基本操作。学完本章，读者可以了解如何创建项目文件、打开项目文件、保存项目文件、关闭项目文件、导入素材文件、编组素材文件和嵌套素材文件等操作方法，并掌握使用选择工具、剃刀工具、滑动工具、比率拉伸工具、波纹编辑工具以及轨道选择工具编辑视频的操作技巧，为读者以后制作更多优秀的视频打下良好的基础。

课后习题

　　鉴于本章知识的重要性，为了帮助读者更好地掌握所学知识，本节将通过上机习题，帮助读者巩固和强化前面所学内容，再次提升读者的应用能力。

　　本习题需要掌握使用波纹工具编辑视频素材的方法，效果如图 2-55 所示。

图 2-55　效果文件

第 3 章　编辑与精修视频片段

【本章导读】

Premiere Pro CC 是一款适应性很强的视频编辑软件，专业性强，操作简便，可以对视频、图像以及音频等多种素材进行处理和加工，从而得到令人满意的影视文件。本章将从添加与调整视频素材的操作方法与技巧讲起，包括添加视频素材、复制粘贴影视视频、设置素材出入点、调整播放时间以及剪辑影视素材等内容，逐渐提升读者对 Premiere Pro CC 的熟练操作技巧。

【本章重点】

➢ 掌握如何添加和编辑影视素材
➢ 理解如何调整和剪辑影视素材

3.1　添加影视素材

制作视频的首要操作就是添加素材，本节主要介绍在 Premiere Pro CC 中添加影视素材的方法，包括添加视频素材、音频素材、静态图像及图层图像等。

3.1.1　添加视频素材

添加一段视频素材是一个将源素材导入到素材库，并将素材库的原素材添加到"时间轴"面板中的视频轨道上的过程。下面介绍添加视频素材的操作方法。

步骤 01　在 Premiere Pro CC 界面中，按【Ctrl + O】组合键，打开项目文件（素材\第 3 章\幸福人生.prproj），执行"文件"|"导入"命令，如图 3-1 所示。

步骤 02　弹出"导入"对话框，选择"幸福人生"视频素材，如图 3-2 所示。

图 3-1　"导入"命令

图 3-2　选择视频素材

步骤 **03** 单击"打开"按钮，将视频素材导入至"项目"面板中，如图 3-3 所示。

步骤 **04** 在"项目"面板中，选择视频文件，将其拖曳至"时间轴"面板的 V1 轨道中，如图 3-4 所示。

图 3-3　导入视频素材　　　　　　　　　　图 3-4　拖曳至"时间轴"面板

步骤 **05** 执行上述操作后，即可添加视频素材。

3.1.2　添加音频素材

为了使影片更加完善，读者可以根据需要为影片添加音频素材。下面介绍添加音频素材的操作方法。

步骤 **01** 在 Premiere Pro CC 界面中，按【Ctrl + O】组合键，打开项目文件（素材\第 3 章\音乐.prproj），执行"文件"|"导入"命令，弹出"导入"对话框，选择需要添加的音频素材，如图 3-5 所示。

步骤 **02** 单击"打开"按钮，将音频素材导入至"项目"面板中，选择素材文件，将其拖曳至"时间轴"面板的 A1 轨道中，即可添加音频素材，如图 3-6 所示。

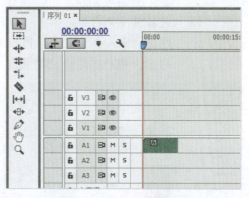

图 3-5　选择需要添加的音频素材　　　　　　图 3-6　添加音频文件

3.1.3　添加静态图像

为了使影片内容更加丰富多彩，在进行影片编辑的过程中，用户可以根据需要添加各种静态的图像。下面介绍添加静态图像的操作方法。

步骤 **01** 在 Premiere Pro CC 界面中，按【Ctrl + O】组合键，打开项目文件（素材\第 3 章\耳机广告.prproj），执行"文件"｜"导入"命令，弹出"导入"对话框，选择需要的图像，单击"打开"按钮，导入静态图像，如图 3-7 所示。

步骤 **02** 在"项目"面板中，选择图像素材文件，将其拖曳至"时间轴"面板的 V1 轨道中，即可添加静态图像，如图 3-8 所示。

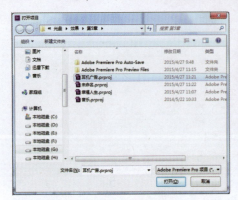
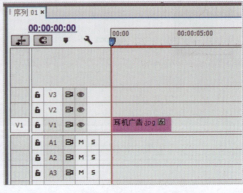

图 3-7　选择需要添加的图像　　　　　　　图 3-8　添加静态图像

▶ 专家指点

在 Premiere Pro CC，导入素材除了运用上述方法外，还可以双击"项目"面板空白位置，即可弹出"导入"对话框。

3.1.4　添加图层图像

在 Premiere Pro CC 中，不仅可以导入视频、音频以及静态图像素材，还可以导入图层图像素材。下面介绍添加图层图像的操作方法。

步骤 **01** 在 Premiere Pro CC 界面中，按【Ctrl + O】组合键，打开项目文件（素材\第 3 章\饰品展览.prproj），执行"文件"｜"导入"命令，弹出"导入"对话框，选择需要的图像，单击"打开"按钮，如图 3-9 所示。

步骤 **02** 弹出"导入分层文件：饰品展览"对话框，单击"确定"按钮，如图 3-10 所示，将所选择的 PSD 图像导入至"项目"面板中。

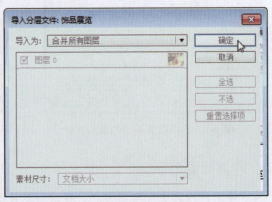

图 3-9　选择需要的素材　　　　　　　图 3-10　单击"确定"按钮

步骤 03　选择导入的 PSD 图像，并将其拖曳至"时间轴"面板的 V1 轨道中，即可添加图层图像，如图 3-11 所示。

步骤 04　执行操作后，在"节目监视器"面板中可以预览添加的图层图像效果，如图 3-12 所示。

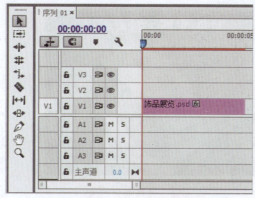

图 3-11　添加图层图像

图 3-12　预览图层图像效果

3.2　编辑影视素材

对影片素材进行编辑是整个影片编辑过程中的一个重要环节，同样也是 Premiere Pro CC 大功能体现。本节将详细讲述编辑影视素材的操作方法。

3.2.1　复制粘贴素材

复制也称拷贝，是指将文件从一处拷贝一份完全一样的到另一处，而原来的一份依然保留。复制影视视频的具体方法是：在"时间轴"面板中，选择需要复制的视频文件，执行"编辑"|"复制"命令即可复制影视视频。

粘贴素材可以为用户节约许多不必要的重复操作，让用户的工作效率得到提高。下面介绍复制粘贴视频素材的操作方法。

步骤 01　在 Premiere Pro CC 界面中，按【Ctrl + O】组合键，打开项目文件（素材\第 3 章\时尚钻戒.prproj），在视频轨道上，选择素材文件，如图 3-13 所示。

步骤 02　切换时间至 00:00:02:20 位置，执行"编辑"|"复制"命令，如图 3-14 所示。

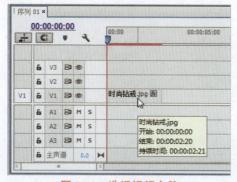

图 3-13　选择视频文件

图 3-14　"复制"命令

步骤 03 执行操作后，即可复制文件，按【Ctrl + V】组合键，即可将复制的素材粘贴至 V1 轨道中时间指示器的位置，如图 3-15 所示。

步骤 04 将时间指示器移至视频的开始位置，单击"播放-停止切换"按钮，即可预览素材效果，如图 3-16 所示。

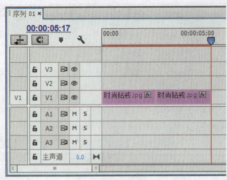

图 3-15　粘贴素材文件　　　　　　　　　　　图 3-16　预览素材效果

3.2.2　分离影视视频

为了使影视获得更好的音乐效果，许多影视都会在后期重新配音，这时需要用到分离影视素材的操作。

步骤 01 在 Premiere Pro CC 界面中，按【Ctrl + O】组合键，打开项目文件（素材\第3章\黑暗骑士.prproj），如图 3-17 所示。

步骤 02 选择 V1 轨道上的视频素材，执行"剪辑"|"取消链接"命令，如图 3-18 所示。

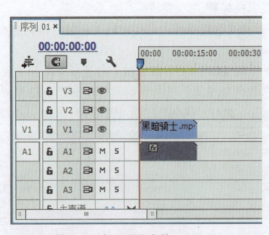

图 3-17　打开项目文件　　　　　　　　　　　图 3-18　"取消链接"命令

步骤 03 即可将视频与音频分离，选择 V1 轨道上的视频素材，单击鼠标左键并拖曳，即可单独移动视频素材，如图 3-19 所示。

图 3-19　移动视频素材

步骤 04　在"节目监视器"面板上，单击"播放-停止切换"按钮，预览视频效果，如
图 3-20 所示。

图 3-20　分离影片的效果

▶ 专家指点

　　使用"取消链接"命令可以将视频素材与音频素材分离后单独进行编辑，防止编辑
视频素材时，音频素材也被修改。

3.2.3　组合影视视频

　　在对视频文件和音频文件重新进行编辑后，可以将其进行组合操作。下面介绍组合
影视视频文件的操作方法。

步骤 01　在 Premiere Pro CC 界面中，按【Ctrl + O】组合键，打开项目文件（素材\第
3 章\护肤品广告.prproj），如图 3-21 所示。

步骤 02　在"时间轴"面板 V1 轨道中，选择所有的素材，如图 3-22 所示。

图 3-21　打开项目文件

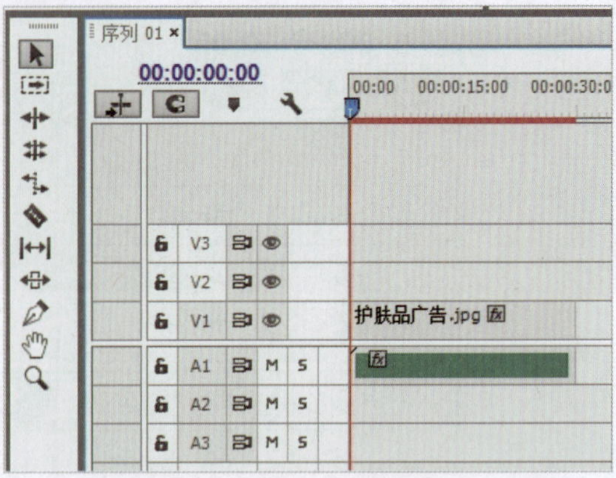

图 3-22　选择所有的素材

步骤 **03**　执行"剪辑"│"链接"命令，如图 3-23 所示。

步骤 **04**　执行操作后，即可组合影视视频，如图 3-24 所示。

图 3-23　"链接"命令

图 3-24　组合影视视频

3.2.4　删除影视视频

在进行影视素材编辑的过程中，用户可能需要删除一些不需要的视频素材。下面介绍删除影视视频的操作方法。

步骤 **01**　在 Premiere Pro CC 界面中，按【Ctrl + O】组合键，打开项目文件（素材\第 3 章\闪光.prproj），如图 3-25 所示。

步骤 **02**　在"时间轴"面板中选择中间的"闪光"素材，执行"编辑"│"清除"命令，如图 3-26 所示。

步骤 **03**　执行上述操作后，即可删除目标素材，在 V1 轨道上选择左侧的"闪光"素材，如图 3-27 所示。

步骤 **04**　在素材上单击鼠标右键，在弹出的快捷菜单中选择"波纹删除"选项，如图 3-28 所示。

步骤 **05**　执行上述操作后，即可在 V1 轨道上删除"闪光"素材，此时，第 3 段素材将会移动到第 2 段素材的位置，如图 3-29 所示。

步骤 **06**　在"节目监视器"面板上，单击"播放-停止切换"按钮，预览视频效果，如图 3-30 所示。

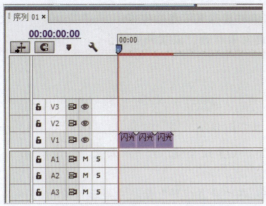

图 3-25　打开项目文件

图 3-26　"清除"命令

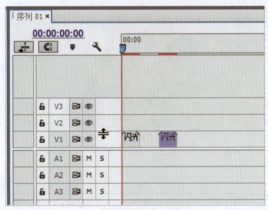

图 3-27　选择左侧素材

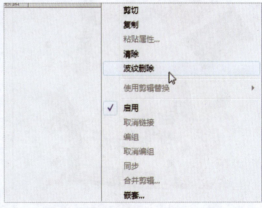

图 3-28　"波纹删除"命令

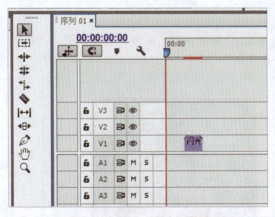

图 3-29　删除"白光"素材

图 3-30　预览视频效果

▶ 专家指点

　　在 Premiere Pro CC 中除了上述方法可以删除素材对象外，用户还可以在选择素材对象后，使用以下快捷键：

➢　按【Delete】键，快速删除选择的素材对象。

➢　按【Backspace】键，快速删除选择的素材对象。

> ➢ 按【Shift + Delete】组合键，快速对素材进行波纹删除操作。
> ➢ 按【Shift + Backspace】组合键，快速对素材进行波纹删除操作。

3.2.5 设置显示方式

在 Premiere Pro CC 中，素材拥有多种显示方式，如默认的"合成视频"模式、Alpha 模式以及"所有示波器"模式等。下面介绍通过"所有示波器"命令设置显示方式。

步骤 **01** 在 Premiere Pro CC 界面中，按【Ctrl + O】组合键，打开项目文件（素材\第 3 章\色彩.prproj），如图 3-31 所示。

步骤 **02** 使用鼠标左键双击导入的素材文件，在"源监视器"面板中显示该素材，如图 3-32 所示。

图 3-31　打开素材文件　　　　　　　　　图 3-32　显示素材

步骤 **03** 单击"源监视器"面板右上角的下三角按钮，在弹出的列表框中选择"所有示波器"选项，如图 3-33 所示。

步骤 **04** 执行操作后，即可改变素材的显示方式，"源监视器"面板中的素材将以"所有示波器"方式显示，如图 3-34 所示。

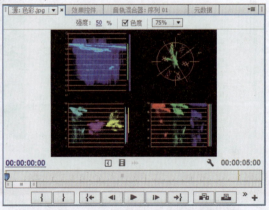

图 3-33　选择"所有示波器"选项　　　　　图 3-34　以"所有示波器"方式显示

3.2.6　设置素材入点

在 Premiere Pro CC 中，设置素材的入点可以标识素材起始点时间的可用部分，下面通过"标记"｜"标记入点"命令，设置素材入点。

步骤 01　以上一例的素材为例，在"节目监视器"面板中拖曳"当前时间指示器"至合适位置，如图 3-35 所示。

步骤 02　执行"标记"｜"标记入点"命令，如图 3-36 所示，执行操作后，即可设置素材的入点。

图 3-35　拖曳当前时间指示器

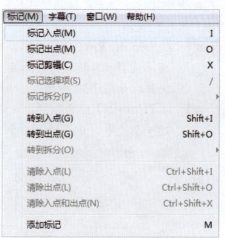
图 3-36　"标记入点"命令

3.2.7　设置素材出点

在 Premiere Pro CC 中，设置素材的出点可以标识素材结束点时间的可用部分，下面通过"标记"｜"标记出点"命令，设置素材出点。

步骤 01　以上一例的素材为例，在"节目监视器"面板中拖曳"当前时间指示器"至合适位置，如图 3-37 所示。

步骤 02　执行"标记"｜"标记出点"命令，如图 3-38 所示，执行操作后，即可设置素材的出点。

图 3-37　拖曳当前时间指示器

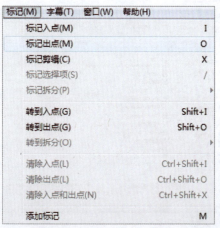
图 3-38　"标记出点"命令

3.3　调整影视素材

在编辑影片时，有时需要调整项目尺寸来放大显示素材，有时需要调整播放时间或播放速度，这些操作可以在 Premiere Pro CC 中实现。

3.3.1　调整项目尺寸

在编辑影片时，由于素材的尺寸长短不一，通常需要通过时间标尺栏上的控制条来调整项目尺寸的长短。

步骤 01　在 Premiere Pro CC 界面中，单击"新建项目"按钮，弹出"新建项目"对话框，设置"名称"为"精品汽车"，单击"确定"按钮，即可新建一个项目文件，如图 3-39 所示。

步骤 02　按【Ctrl + N】组合键弹出"新建序列"对话框，单击"确定"按钮，即可新建一个"序列 01"序列，如图 3-40 所示。

图 3-39　"新建项目"对话框　　　　　　　　　图 3-40　"新建序列"对话框

步骤 03　执行"文件"|"导入"命令，弹出"导入"对话框，选择素材文件（素材\第 3 章\精品汽车.jpg），如图 3-41 所示。

步骤 04　单击"打开"按钮，导入素材文件，如图 3-42 所示。

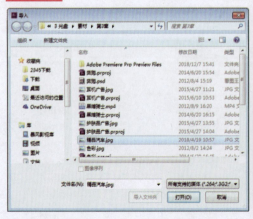

图 3-41　"导入"对话框　　　　　　　　　　　图 3-42　素材图片

步骤 **05**　选择"项目"面板中的素材文件，并将其拖曳至"时间轴"面板的 V1 轨道中，如图 3-43 所示。

步骤 **06**　选择素材文件，将鼠标移至时间"标尺栏"下方的控制条上，单击鼠标左键并向右拖曳，即可加长项目的尺寸，如图 3-44 所示。

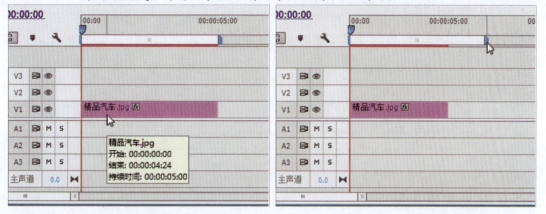

图 3-43　将素材拖曳至 V1 轨道　　　　　　　　图 3-44　加长项目的尺寸

步骤 **07**　执行上述操作后，在控制条上双击鼠标左键，即可将控制条调整至与素材相同的长度，如图 3-45 所示。

图 3-45　调整项目的尺寸

▶ 专家指点

在时间轴面板的左上角"序列 01"名称上单击鼠标右键，在弹出的快捷菜单列表中，选择"工作区域栏"选项，在"标尺栏"下方即可出现一个控制条。

3.3.2　调整播放时间

在编辑影片的过程中，很多时候需要对素材本身的播放时间进行调整。

调整播放时间的具体方法是：使用选择工具，选择视频轨道上的素材，并将鼠标拖曳至素材的右端的结束点，当鼠标呈红色双向箭头形状时，单击鼠标左键并拖曳，即可调整素材的播放时间，如图 3-46 所示。

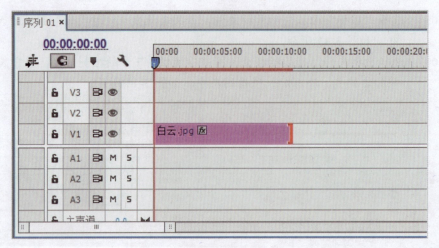

图 3-46　调整素材的播放时间

3.3.3　调整播放速度

　　每一种素材都具有特定的播放速度，对于视频素材，可以通过调整视频素材的播放速度来制作快镜头或慢镜头效果。下面介绍通过"速度/持续时间"功能调整播放速度的操作方法。

步骤 **01**　在 Premiere Pro CC 界面中，单击"新建项目"按钮，弹出"新建项目"对话框，设置"名称"为"旋转"，单击"确定"按钮即可，如图 3-47 所示。

步骤 **02**　按【Ctrl + N】组合键，弹出"新建序列"对话框，新建一个"序列 01"序列，单击"确定"按钮即可，如图 3-48 所示。

图 3-47　"新建项目"对话框　　　　　图 3-48　"新建序列"对话框

步骤 **03**　按【Ctrl + I】组合键，弹出"导入"对话框，选择素材视频（素材\第 3 章\旋转.wmv），如图 3-49 所示。

步骤 **04**　单击"打开"按钮，导入素材文件，如图 3-50 所示。

图 3-49　"导入"对话框　　　　　　　　　　　图 3-50　素材图片

步骤 05　选择"项目"面板中的素材文件，并将其拖曳至 A1 轨道中，如图 3-51 所示。

步骤 06　选择 A1 轨道上的素材，单击鼠标右键，在弹出的快捷菜单中，选择"速度/持续时间"选项，如图 3-52 所示。

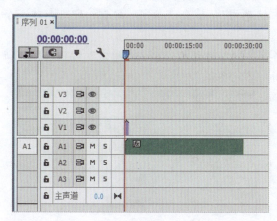

图 3-51　将素材拖曳至 A1 轨道　　　　　　　图 3-52　选择"速度/持续时间"选项

步骤 07　弹出"剪辑速度/持续时间"对话框，设置"速度"为 220%，如图 3-53 所示。

步骤 08　设置完成后，单击"确定"按钮，即可在"节目监视器"面板中查看调整播放速度后的效果，如图 3-54 所示。

▶ 专家指点

　　在"剪辑速度/持续时间"对话框中，可以设置"速度"值来控制剪辑的播放时间。当"速度"值设置在 100% 以上时，值越大则速度越快，播放时间就越短；当"速度"值设置在 100% 以下时，值越大则速度越慢，播放时间就越长。

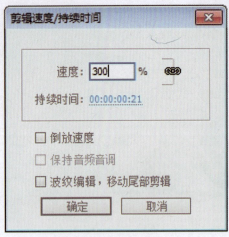

图 3-53　设置参数值　　　　　图 3-54　查看调整播放速度后的效果

3.3.4　调整播放位置

如果对添加到视频轨道上的素材位置不满意，可以根据需要对其进行调整，并且可以将素材调整到不同的轨道位置。

步骤 01　在 Premiere Pro CC 欢迎界面中，单击"新建项目"按钮，弹出"新建项目"对话框，设置"名称"为"书的魅力"，单击"确定"按钮，即可新建一个项目文件，如图 3-55 所示。

步骤 02　按【Ctrl + N】组合键弹出"新建序列"对话框，单击"确定"按钮，即可新建一个"序列 01"序列，如图 3-56 所示。

图 3-55　"新建项目"对话框　　　　　图 3-56　"新建序列"对话框

步骤 03　按【Ctrl + I】组合键，弹出"导入"对话框，选择素材文件（素材\第 3 章\书的魅力.jpg），如图 3-57 所示。

步骤 04　单击"打开"按钮，导入素材文件，如图 3-58 所示。

图 3-57　"导入"对话框

图 3-58　素材图片

步骤 05 使用选择工具，选择导入素材文件，单击鼠标左键并拖曳至 V1 轨道面板中，如图 3-59 所示。

步骤 06 执行上述操作后，选择 V1 轨道中的素材文件，并将其拖曳至 V2 轨道中，如图 3-60 所示，在"节目监视器"面板中即可播放素材文件。

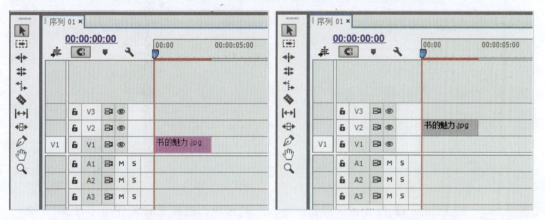

图 3-59　调整素材的位置　　　　　　　　图 3-60　拖曳至 V2 轨道

3.4　剪辑影视素材

　　剪辑就是通过为素材设置出点和入点，从而截取其中较好的片段，然后将截取的影视片段与新的素材片段组合。三点和四点编辑便是专业视频影视编辑工作中常常运用到的编辑方法。本节主要介绍在 Premiere Pro CC 中剪辑影视素材的方法。

3.4.1　三点剪辑技术

　　"三点剪辑技术"是用于将素材中的部分内容替换影片剪辑中的部分内容。

　　在进行剪辑操作时，需要三个重要的点，下面分别进行介绍。

➢　素材的入点：是指素材在影片剪辑内部首先出现的帧。

➤ 剪辑的入点：是指剪辑内被替换部分在当前序列上的第一帧。

➤ 剪辑的出点：是指剪辑内被替换部分在当前序列上的最后一帧。

3.4.2　三点剪辑素材

三点剪辑是指将素材中的部分内容替换影片剪辑中的部分内容。下面介绍运用三点剪辑素材的操作方法。

步骤 **01**　在 Premiere Pro CC 界面中，单击"新建项目"按钮，弹出"新建项目"对话框；设置"名称"为"龙凤呈祥"，如图 3-61 所示，单击"确定"按钮，即可新建一个项目文件。

步骤 **02**　按【Ctrl + N】组合键弹出"新建序列"对话框，单击"确定"按钮，即可新建一个"序列 01"序列，如图 3-62 所示。

图 3-61　"新建项目"对话框　　　　　　　图 3-62　"新建序列"对话框

步骤 **03**　按【Ctrl + I】组合键，弹出"导入"对话框，选择素材文件（素材\第 3 章\龙凤.mpg），如图 3-63 所示。

步骤 **04**　单击"打开"按钮，导入素材文件，如图 3-64 所示。

图 3-63　"导入"对话框　　　　　　　　图 3-64　素材图片

步骤 05　选择"项目"面板中的视频素材文件，并将其拖曳至 V1 轨道中，如图 3-65
　　　　　所示。

步骤 06　设置时间为 00:00:02:02，单击"标记入点"按钮，添加标记，如图 3-66
　　　　　所示。

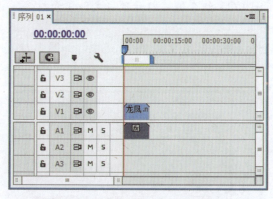

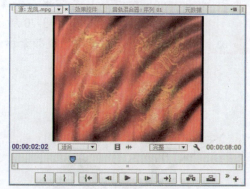

图 3-65　将素材拖曳至 V1 轨道　　　　　　　　图 3-66　添加标记

步骤 07　在"节目监视器"面板中设置时间为 00:00:04:00，并单击"标记出点"按钮，
　　　　　如图 3-67 所示。

步骤 08　在"项目"面板中双击视频，在"源监视器"面板中设置时间为 00:00:01:12，
　　　　　并单击"标记入点"按钮，如图 3-68 所示。

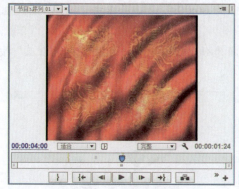

图 3-67　单击"标记出点"　　　　　　　　　图 3-68　单击"标记入点"

步骤 09　执行操作后，单击"源监视器"面板中的"覆盖"按钮，即可将当前序列的
　　　　　00:00:02:02 ~ 00:00:04:00 时间段的内容替换为从 00:00:01:12 为起始点至对
　　　　　应时间段的素材内容，如图 3-69 所示。

图 3-69　三点剪辑素材效果

3.4.3　四点剪辑技术

"四点剪辑技术"比三点剪辑多一个点，需要设置源素材的出点。"四点编辑技术"同样需要运用到设置入点和出点的操作。下面介绍具体操作步骤。

步骤 01 在 Premiere Pro CC 界面中，按【Ctrl + O】组合键，打开项目文件（素材\第 3 章\落叶.prproj），如图 3-70 所示。

步骤 02 选择"项目"面板中的视频素材文件，并将其拖曳至 V1 轨道中，如图 3-71 所示。

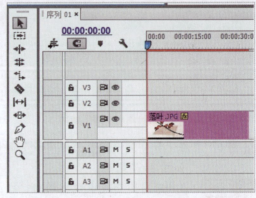

图 3-70　打开项目文件　　　　　　　图 3-71　将素材拖曳至 V1 轨道

步骤 03 在"节目监视器"面板中设置时间为 00:00:02:20，并单击"标记入点"按钮，如图 3-72 所示。

步骤 04 在"节目监视器"面板中设置时间为 00:00:14:00，并单击"标记出点"按钮，如图 3-73 所示。

图 3-72　单击"标记入点"　　　　　　　图 3-73　单击"标记出点"

> ▶ 专家指点
>
> 在 Premiere Pro CC 中编辑某个视频作品，只需要使用中间部分或者视频的开始部分、结尾部分，可以通过四点剪辑素材实现操作。

步骤 05 在"项目"面板中双击视频素材，在"源监视器"面板中设置时间为 00:00:07:00，并单击"标记入点"按钮，如图 3-74 所示。

步骤 **06** 在"源监视器"面板中设置时间为 00:00:28:00，并单击"标记出点"按钮，如图 3-75 所示。

图 3-74　单击"标记入点"　　　　　　　　图 3-75　单击"标记出点"

步骤 **07** 在"源监视器"面板中单击"覆盖"按钮，即可完成四点剪辑的操作，如图 3-76 所示。

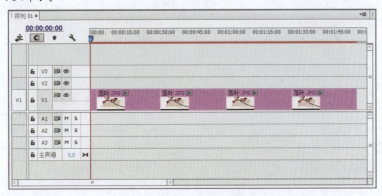

图 3-76　四点剪辑素材效果

步骤 **08** 单击"播放"按钮，预览视频效果，如图 3-77 所示。

图 3-77　预览视频效果

本章小结

本章详细讲解了在 Premiere Pro CC 时间轴面板中素材文件的添加、编辑、调整以及剪辑操作。学完本章，读者可以在时间轴面板中，添加相应的素材文件、复制粘贴影视视频、分离影视视频、删除影视视频、设置素材入点、调整素材显示方式和播放速度，并运用编辑工具对素材进行剪辑操作，熟练掌握在 Premiere Pro CC 中编辑与精修视频片段的操作技巧。

课后习题

鉴于本章知识的重要性，为了帮助读者更好地掌握所学知识，本节将通过上机习题，帮助读者巩固和强化前面所学内容，再次提升读者的应用能力。

本习题需要掌握"剪辑"|"重命名"命令，在项目内更改素材名称，效果如图 3-78 所示。

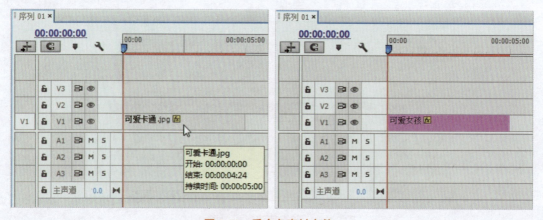

图 3-78　重命名素材文件

第4章 校正视频色彩与色调

【本章导读】

色彩在影视视频的编辑中，往往可以给观众留下第一印象，并在某种程度上抒发一种情感。但由于素材在拍摄和采集的过程中，常会遇到一些很难控制的环境光照，使拍摄出来的源素材色感欠缺、层次不明。本章将详细讲述色彩色调的调整技巧。

【本章重点】

➢ 校正视频的色彩
➢ 调整图像的黑白
➢ 控制图像的色调

4.1 校正视频的色彩

在 Premiere Pro CC 中编辑影片时，往往需要对影视素材的色彩进行校正，调整素材的颜色，本节主要讲述校正视频色彩的技巧。

4.1.1 使用"RGB 曲线"

"RGB 曲线"特效主要是通过调整画面的明暗关系和色彩变化来实现画面的校正。下面介绍具体操作步骤。

步骤 01 在 Premiere Pro CC 界面中，按【Ctrl + O】组合键，打开项目文件（素材\第4章\水中倒影.prproj），如图 4-1 所示。

步骤 02 在"项目"面板中将素材文件拖曳至 V1 轨道中，如图 4-2 所示。

图 4-1 打开项目文件

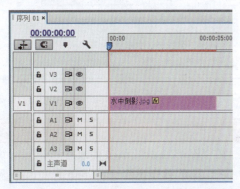

图 4-2 将素材拖曳至 V1 轨道

▶ 专家指点

　　RGB 曲线效果是针对每个颜色通道使用曲线来调整剪辑的颜色，每条曲线允许在整个图像的色调范围内调整多达 16 个不同的点。通过使用 "辅助颜色校正" 控件，还可以指定要校正的颜色范围。

步骤 03　在 "时间轴" 面板中添加素材后，在 "节目监视器" 面板中可以查看素材画面，如图 4-3 所示。

步骤 04　在 "效果" 面板中，依次展开 "视频效果" | "颜色校正" 选项，在其中选择 "RGB 曲线" 视频特效，如图 4-4 所示。

图 4-3　查看素材画面　　　　　　　图 4-4　选择 "RGB 曲线" 视频特效

步骤 05　单击鼠标左键并拖曳 "RGB 曲线" 特效至 "时间轴" 面板 V1 轨道中的素材文件上，如图 4-5 所示，释放鼠标即可添加视频特效。

步骤 06　选择 V1 轨道上的素材，在 "效果控件" 面板中，展开 "RGB 曲线" 选项，如图 4-6 所示。

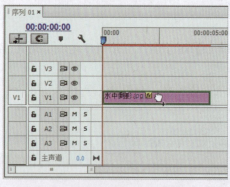
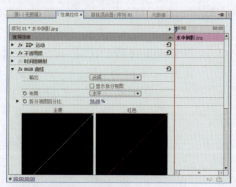

图 4-5　拖曳 "RGB 曲线" 特效　　　　　图 4-6　展开 "RGB 曲线" 选项

▶ 专家指点

　　在 "RGB 曲线" 选项列表中，还可以设置以下选项。

➤　**显示拆分视图：** 将图像的一部分显示为校正视图，而将其他图像的另一部分显示为未校正视图。

➤　**主通道：** 在更改曲线形状时改变所有通道的亮度和对比度。使曲线向上弯曲会使剪辑变亮，使曲线向下弯曲会使剪辑变暗。曲线较陡峭的部分表示图像中对比度较高的部分。通过单击可将点添加到曲线上，而通过拖动可操控形状，将点拖离图表可以删除点。曲线向上弯曲会使通道变亮，使曲线向下弯曲会使通道变暗。

- ➤ **辅助颜色校正：** 指定由效果校正的颜色范围。可以通过色相、饱和度和明亮度定义颜色。单击三角形可访问控件。
- ➤ **中央：** 在用户指定的范围中定义中央颜色，选择吸管工具，然后在屏幕上单击任意位置以指定颜色，此颜色会显示在色板中。使用吸管工具扩大颜色范围，使用吸管工具减小颜色范围。也可以单击色板来打开 Adobe 拾色器，然后选择中央颜色。
- ➤ **色相、饱和度和亮度：** 根据色相、饱和度或明亮度指定要校正的颜色范围。单击选项名称旁边的三角形可以访问阈值和柔和度（羽化）控件，用于定义色相、饱和度或明亮度范围。
- ➤ **结尾柔和度：** 使指定区域的边界模糊，从而使校正在很大程度上与原始图像混合。较高的值会增加柔和度。
- ➤ **边缘细化：** 使指定区域有更清晰的边界，校正显得更明显，较高的值会增加指定区域的边缘清晰度。
- ➤ **反转：** 校正所有的颜色，用户使用"辅助颜色校正"设置指定的颜色范围除外。
- ➤ **输出：** 选择"合成"选项，可以在"节目监视器"中查看调整的最终结果，选择"亮度"选项，可以在"节目监视器"中查看色调值调整的显示效果。
- ➤ **布局：** 确定"拆分视图"图像是并排（水平）还是上下（垂直）布局。
- ➤ **拆分视图百分比：** 调整校正视图的大小，默认值为 50%。

步骤 07 在"红色"矩形区域中单击鼠标左键拖曳，创建并移动控制点，如图 4-7 所示。

步骤 08 执行上述操作后，即可运用 RGB 曲线校正色彩，如图 4-8 所示。

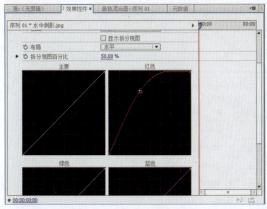

图 4-7　创建并移动控制点

图 4-8　运用 RGB 曲线校正色彩

步骤 09 单击"播放-停止切换"按钮，预览视频效果，如图 4-9 所示。

图 4-9　"RGB 曲线"调整的前后对比效果

> ▶ 专家指点
>
> 　　"辅助颜色校正"属性用来指定使用效果校正的颜色范围。可以通过色相、饱和度和明亮度指定颜色或颜色范围。将颜色校正效果隔离到图像的特定区域。这类似于在 Photoshop 中执行选择或遮蔽图像,"辅助颜色校正"属性可供"亮度校正器""亮度曲线""RGB 颜色校正器""RGB 曲线"以及"三向颜色校正器"等效果使用。

4.1.2　使用"RGB 颜色校正器"

　　"RGB 颜色校正器"特效可以通过色调调整图像,还可以通过通道调整图像。下面介绍具体操作步骤。

步骤 01　在 Premiere Pro CC 界面中,按【Ctrl + O】组合键,打开项目文件(素材\第 4 章\记忆橱窗.prproj),如图 4-10 所示。

步骤 02　选择"项目"面板中的素材文件,并将其拖曳至"时间轴"面板的 V1 轨道中,如图 4-11 所示。

 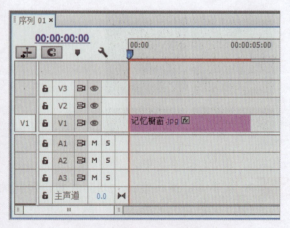

图 4-10　打开项目文件　　　　　　　图 4-11　将素材文件拖曳至 V1 轨道

步骤 `03` 　添加素材后，在"节目监视器"面板中可以查看素材画面，如图 4-12 所示。

步骤 `04` 　在"效果"面板中，依次展开"视频效果"|"颜色校正"选项，在其中选择"RGB 颜色校正器"视频特效，如图 4-13 所示。

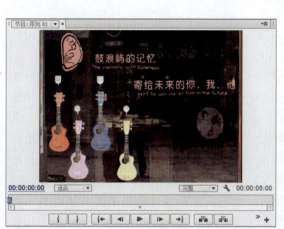

图 4-12　查看素材画面

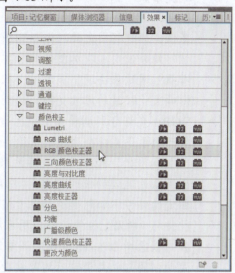

图 4-13　选择"RGB 颜色校正器"视频特效

步骤 `05` 　单击鼠标左键并拖曳"RGB 颜色校正器"特效至"时间轴"面板 V1 轨道中的素材文件上，如图 4-14 所示，释放鼠标即可添加视频特效。

步骤 `06` 　选择 V1 轨道上的素材，在"效果控件"面板中，展开"RGB 颜色校正器"选项，如图 4-15 所示。

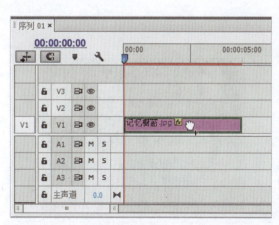

图 4-14　拖曳"RGB 颜色校正器"特效

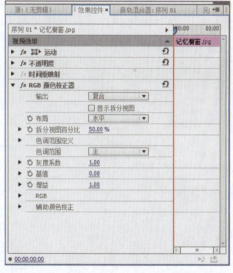

图 4-15　展开"RGB 颜色校正器"选项

➤ **色彩范围定义**：使用"阈值"和"衰减"控件来定义阴影和高光的色调范围。（"阴影阈值"能确定阴影的色调范围；"阴影柔和度"能使用衰减确定阴影的色调范围；"高光阈值"确定高光的色调范围；"高光柔和度"使用衰减确定高光的色调范围。）

> ➤ **色彩范围：** 指定将颜色校正应用于整个图像（主）、仅高光、仅中间调还是仅阴影。

> ➤ **灰度系数：** 在不影响黑白色阶的情况下调整图像的中间调值，使用此控件可在不扭曲阴影和高光的情况下调整太暗或太亮的图像。

> ➤ **基值：** 通过将固定偏移添加到图像的像素值中来调整图像。此控件与"增益"控件结合使用可增加图像的总体亮度。

> ➤ **增益：** 通过乘法调整亮度值，从而影响图像的总体对比度。较亮的像素受到的影响大于较暗的像素受到的影响。

> ➤ **RGB：** 允许分别调整每个颜色通道的中间调值、对比度和亮度。单击三角形可展开用于设置每个通道的灰度系数、基值和增益的选项。（"红色灰度系数""绿色灰度系数"和"蓝色灰度系数"，在不影响黑白色阶的情况下调整红色、绿色或蓝色通道的中间调值；"红色基值""绿色基值"和"蓝色基值"，通过将固定的偏移添加到通道的像素值中来调整红色、绿色或蓝色通道的色调值。此控件与"增益"控件结合使用可增加通道的总体亮度；"红色增益""绿色增益"和"蓝色增益"，通过乘法调整红色、绿色或蓝色通道的亮度值，使较亮的像素受到的影响大于较暗的像素受到的影响。）

▶ **专家指点**

　　在 Premiere Pro CC 中，RGB 色彩校正视频特效主要用于调整图像的颜色和亮度。用户使用 "RGB 颜色校正器" 特效来调整 RGB 颜色各通道的中间调值、色调值以及亮度值，修改画面的高光、中间调和阴影定义的色调范围，从而调整剪辑中的颜色。

步骤 07　在 "RGB 颜色校正器" 面板中，设置 "灰度系数" 为 2.00，如图 4-16 所示。

步骤 08　执行上述操作后，即可运用 RGB 颜色校正器校正色彩，如图 4-17 所示。

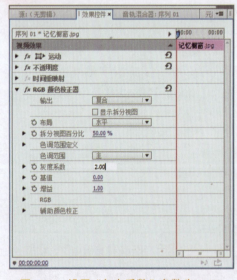

图 4-16　设置"灰度系数"参数为 2.00　　　　图 4-17　运用 RGB 颜色校正器校正色彩

步骤 09　单击 "播放-停止切换" 按钮，预览视频效果，如图 4-18 所示。

图 4-18　"RGB 颜色校正器"调整的前后对比效果

4.1.3　使用"三向颜色校正器"

　　"三向颜色校正器"特效的主要作用是用于调整暗度、中间色和亮度的颜色，可以通过精确调整参数来指定颜色范围。下面介绍添加"三向颜色校正器"特效的操作方法。

步骤 01　在 Premiere Pro CC 界面中，按【Ctrl + O】组合键，打开项目文件（素材\第4章\加湿器.prproj），如图 4-19 所示。

步骤 02　打开项目文件后，在"节目监视器"面板中，可以播放查看素材画面，如图4-20 所示。

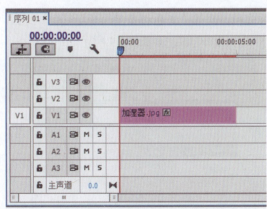

图 4-19　打开项目文件　　　　　　图 4-20　查看素材画面

步骤 03　在"效果"面板中，依次展开"视频效果"｜"颜色校正"选项，在其中选择"三向颜色校正器"视频特效，如图 4-21 所示。

步骤 04　单击鼠标左键并拖曳"三向颜色校正器"特效至"时间轴"面板 V1 轨道中的素材文件上，如图 4-22 所示，释放鼠标即可添加视频特效。

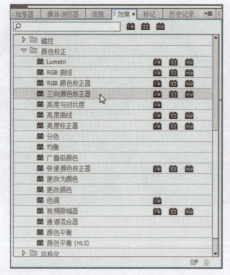

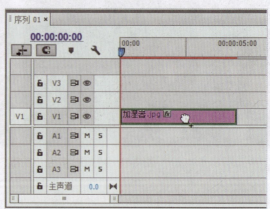

图 4-21　选择"三向颜色校正器"视频特效　　　图 4-22　拖曳"三向颜色校正器"特效

▶ **专家指点**

　　色彩的三要素分别为色相、亮度以及饱和度。色相是指颜色的相貌，用于区别色彩的种类和名称；饱和度是指色彩的鲜艳程度，并由颜色的波长来决定；亮度是指色彩的明暗程度。调色就是通过调节色相、亮度与饱和度来调节影视画面的色彩。

步骤 05　选择 V1 轨道上的素材，在"效果控件"面板中，展开"三向颜色校正器"选项，如图 4-23 所示。

步骤 06　展开"三向颜色校正器"|"主要"选项，设置"主色相角度"为 16.0°、"主平衡数量级"为 50.00、"主平衡增益"为 80.00，如图 4-24 所示。

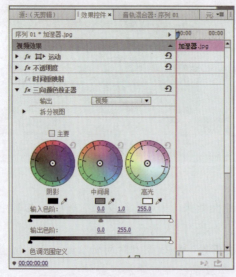

图 4-23　展开"三向颜色校正器"选项　　　　　图 4-24　设置相应选项

➢ **饱和度**：调整主、阴影、中间调或高光的颜色饱和度。默认值为 100，表示不影响颜色。小于 100 的值表示降低饱和度，而 0 表示完全移除颜色。大于 100

的值将产生饱和度更高的颜色。

- ➤ **铺助颜色校正：** 指定由效果校正的颜色范围。可以通过色相、饱和度和明亮度定义颜色。通过"柔化""边缘细化""反转限制颜色"调整校正效果。（"柔化"使指定区域的边界模糊，从而使校正在很大程度上与原始图像混合，较高的值会增加柔和度；"边缘细化"使指定区域有更清晰的边界，校正显得更明显，较高的值会增加指定区域的边缘清晰度；"反转限制颜色"校正所有颜色，用户使用"辅助颜色校正"设置指定的颜色范围除外。）
- ➤ **阴影/中间调/高光：** 通过调整"色相角度""平衡数量级""平衡增益"以及"平衡角度"控件调整相应的色调范围。
- ➤ **主色相角度：** 控制高光、中间调或阴影中的色相旋转。默认值为 0。负值向左旋转色轮，正值则向右旋转色轮。
- ➤ **主平衡数量级：** 控制由"平衡角度"确定的颜色平衡校正量。可对高光、中间调和阴影应用调整。
- ➤ **主平衡增益：** 通过乘法调整亮度值，使较亮的像素受到的影响大于较暗的像素受到的影响。可对高光、中间调和阴影应用调整。
- ➤ **主平衡角度：** 控制高光、中间调或阴影中的色相转换。
- ➤ **主色阶：** 输入黑色阶、输入灰色阶、输入白色阶用来调整高光、中间调或阴影的黑场、中间调和白场输入色阶。输出黑色阶、输出白色阶用来调整输入黑色对应的映射输出色阶以及高光、中间调或阴影对应的输入白色阶。

在"三向颜色校正器"选项列表中，用户还可以设置以下选项。

- ➤ **三向色相平衡和角度：** 使用对应于阴影（左轮）、中间调（中轮）和高光（右轮）的三个色轮来控制色相和饱和度调整。一个圆形缩略图围绕色轮中心移动，并控制色相（UV）转换。缩略图上的垂直手柄控制平衡数量级，而平衡数量级将影响控件的相对粗细度。色轮的外环控制色相旋转。左上角像素颜色：删除图像左上角像素颜色的区域。
- ➤ **输入色阶：** 外面的两个输入色阶滑块将黑场和白场映射到输出滑块的设置。中间输入滑块用于调整图像中的灰度系数。此滑块移动中间调并更改灰色调的中间范围的强度值，但不会显著改变高光和阴影。
- ➤ **输出色阶：** 将黑场和白场输入色阶滑块映射到指定值。默认情况下，输出滑块分别位于色阶 0（此时阴影是全黑的）和色阶 255（此时高光是全白的）。因此，在输出滑块的默认位置，移动黑色输入滑块会将阴影值映射到色阶 0，而移动白场滑块会将高光值映射到色阶 255。其余色阶将在色阶 0～255 之间重新分布。这种重新分布将会增大图像的色调范围，实际上也是提高图像的总体对比度。
- ➤ **色调范围定义：** 定义剪辑中的阴影、中间调和高光的色调范围。拖动方形滑块可调整阈值。拖动三角形滑块可调整柔和度（羽化）的程度。
- ➤ **自动黑色阶：** 提升剪辑中的黑色阶，使最黑的色阶高于 3.5IRE。阴影的一部分会被剪切，而中间像素值将按比例重新分布。因此，使用自动黑色阶会使图像中的阴影变亮。
- ➤ **自动对比度：** 同时应用自动黑色阶和自动白色阶。这将使高光变暗而阴影部分变亮。

➤ **自动白色阶：**降低剪辑中的白色阶，使最亮的色阶不超过 100IRE。高光的一部分会被剪切，而中间像素值将按比例重新分布。因此，使用自动白色阶会使图像中的高光变暗。

➤ **黑色阶、灰色阶、白色阶：**使用不同的吸管工具来采样图像中的目标颜色或监视器桌面上的任意位置，以设置最暗阴影、中间调灰色和最亮高光的色阶。也可单击色板打开 Adobe 拾色器，然后选择颜色来定义黑色、中间调灰色和白色。

➤ **输入黑色阶、输入灰色阶、输入白色阶：**指定由效果校正的颜色范围。可以通过色相、饱和度和明亮度定义颜色。单击三角形可访问控件调整高光、中间调或阴影的黑场、中间调和白场输入色阶。

步骤 07 执行上述操作后，即可运用"三向颜色校正器"校正色彩，如图 4-25 所示。

步骤 08 在"效果控件"界面中，单击"三向颜色校正器"选项左侧的"切换效果开关"按钮，如图 4-26 所示，即可隐藏"三向颜色校正器"的校正效果，对比查看校正前后的视频画面效果。

 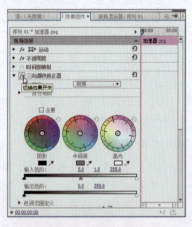

图 4-25　预览视频效果　　　　　图 4-26　单击"切换效果开关"按钮

▶ **专家指点**

在 Premiere Pro CC 中，使用色轮进行相应调整的方法如下。

（1）色相角度：将颜色向目标颜色旋转。向左移动外环会将颜色向绿色旋转。向右移动外环会将颜色向红色旋转。

（2）平衡数量级：控制引入视频的颜色强度。从中心向外移动圆形会增加数量级（强度）。通过移动"平衡增益"手柄可以微调强度。

（3）平衡增益：影响"平衡数量级"和"平衡角度"调整的相对粗细度。保持此控件的垂直手柄靠近色轮中心会使调整非常精细。向外环移动手柄会使调整非常粗略。

（4）平衡角度：向目标颜色移动视频颜色。向特定色相移动"平衡数量级"圆形会相应地移动颜色。移动的强度取决于"平衡数量级"和"平衡增益"的共同调整。

步骤 09 单击"播放-停止切换"按钮，预览视频效果，如图 4-27 所示。

图 4-27　"三向颜色校正器"调整的前后对比效果

▶ 专家指点

　　在 Premiere Pro CC 中，使用"三向颜色校正器"可以进行以下调整。

　　（1）快速消除色偏："三向颜色校正器"特效拥有一些控件可以快速平衡颜色，使白色、灰色和黑色保持中性。

　　（2）快速进行明亮度校正："三向颜色校正器"具有可快速调整剪辑明亮度的自动控件。

　　（3）调整颜色平衡和饱和度：三向颜色校正器效果提供"色相平衡和角度"色轮和"饱和度"控件，用于平衡视频中的颜色。顾名思义，颜色平衡可平衡红色、绿色和蓝色分量，从而在图像中产生所需的白色和中性灰色。也可以为特定的场景设置特殊色调。

　　（4）替换颜色：使用"三向颜色校正器"中的"辅助颜色校正"控件可以帮助用户将更改应用于单个颜色或一系列颜色。

4.1.4　使用"亮度曲线"

　　"亮度曲线"特效可以通过单独调整画面的亮度，让整个画面的明暗得到统一控制，这种调整方法无法单独调整每个通道的亮度。下面介绍具体操作步骤。

步骤 01　在 Premiere Pro CC 界面中，按【Ctrl + O】组合键，打开项目文件（素材\第 4 章\天空之美.prproj），如图 4-28 所示。

步骤 02　打开项目文件后，在"节目监视器"面板中可以查看素材画面，如图 4-29 所示。

图 4-28　打开项目文件　　　　　　　　图 4-29　查看素材画面

▶ 专家指点

亮度曲线和 RGB 曲线可以调整视频剪辑中的整个色调范围或仅调整选定的颜色范围。但与色阶不同，色阶只有三种调整（黑色阶、灰色阶和白色阶），而亮度曲线和 RGB 曲线允许在整个图像的色调范围内调整多达 16 个不同的点（从阴影到高光）。

步骤 03 在"效果"面板中，依次展开"视频效果"｜"颜色校正"选项，在其中选择"亮度曲线"视频特效，如图 4-30 所示。

步骤 04 单击鼠标左键并拖曳"亮度曲线"特效至"时间轴"面板 V1 轨道中的素材文件上，如图 4-31 所示，释放鼠标即可添加视频特效。

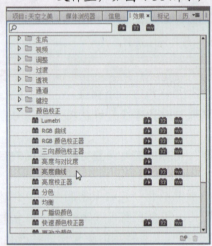

图 4-30 选择"亮度曲线"视频特效

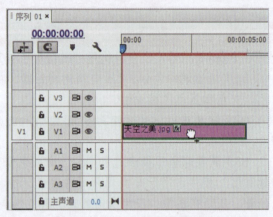

图 4-31 拖曳"亮度曲线"特效

步骤 05 选择 V1 轨道上的素材，在"效果控件"面板中，展开"亮度曲线"选项，如图 4-32 所示。

步骤 06 将鼠标移至"亮度波形"矩形区域中，在曲线上单击鼠标左键并拖曳，添加控制点并调整控制点位置。重复以上操作，再添加一个控制点并调整位置，如图 4-33 所示。

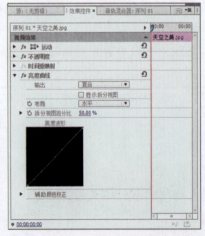

图 4-32 展开"亮度曲线"选项

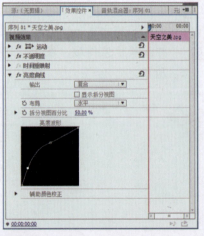

图 4-33 添加 2 个控制点并调整位置

步骤 07　执行上述操作后，即可运用亮度曲线校正色彩，单击"播放-停止切换"按钮，预览视频效果，如图 4-34 所示。

图 4-34　"亮度曲线"调整的前后对比效果

4.1.5　使用"亮度校正器"

在 Premiere Pro CC 中的"亮度校正器"特效可以调整素材文件的高光、中间值、阴影状态下的亮度与对比度参数，也可以使用"辅助颜色校正"来指定色彩范围。下面介绍具体操作步骤。

步骤 01　在 Premiere Pro CC 界面中，按【Ctrl + O】组合键，打开项目文件（素材\第 4 章\蜗牛.prproj），如图 4-35 所示。

步骤 02　打开项目文件后，在"节目监视器"面板中可以查看素材画面，如图 4-36 所示。

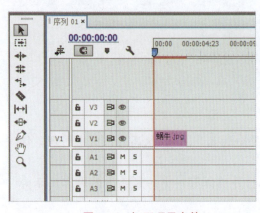

图 4-35　打开项目文件　　　　　图 4-36　查看素材画面

步骤 03　在"效果"面板中，依次展开"视频效果"｜"颜色校正"选项，在其中选择"亮度校正器"视频特效，如图 4-37 所示。

步骤 04　将"亮度校正器"特效拖曳至"时间轴"面板 V1 轨道中的素材文件上，选择 V1 轨道上的素材，如图 4-38 所示。

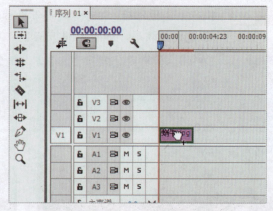

图 4-37　选择"亮度校正器"视频特效　　　　图 4-38　拖曳"亮度校正器"特效

步骤 05 在"效果控件"面板中，展开"亮度校正器"选项，单击"色调范围"右侧的下拉按钮，在弹出的列表框中选择"主"选项，设置"亮度"为 30.00、"对比度"为 40.00，如图 4-39 所示。

步骤 06 单击"色调范围"右侧的下拉按钮，在弹出的列表框中选择"阴影"选项，设置"亮度"为-4.00、"对比度"为-10.00，如图 4-40 所示。

图 4-39　设置相应选项　　　　　　　图 4-40　设置相应选项

➢ **色调范围：** 指定将明亮度调整应用于整个图像（主）、仅高光、仅中间调、仅阴影。

➢ **亮度：** 调整剪辑中的黑色阶。使用此控件确保剪辑中的黑色画面内容显示为黑色。

➢ **对比度：** 通过调整相对于剪辑原始对比度值的增益来影响图像的对比度。

➢ **对比度级别：** 设置剪辑的原始对比度值。

➢ **灰度系数：** 在不影响黑白色阶的情况下调整图像的中间调值。此控件会导致对比度变化，非常类似于在亮度曲线效果中更改曲线的形状。使用此控件可在不扭曲阴影和高光的情况下调整太暗或太亮的图像。

➢ **基值：** 通过将固定偏移添加到图像的像素值中来调整图像。此控件与"增益"控件结合使用可增加图像的总体亮度。

> 　　➤　**增益：** 通过乘法调整亮度值，从而影响图像的总体对比度。较亮的像素受到的
> 　　　　影响大于较暗的像素受到的影响。

步骤 07　执行上述操作后，即可运用亮度校正器调整色彩，单击"播放-停止切换"按
　　　　钮，预览视频效果，如图 4-41 所示。

图 4-41　"亮度校正器"调整的前后对比效果

4.1.6　使用"广播级颜色"

　　"广播级颜色"特效是用于校正需要输出到录像带上的影片色彩，使用这种校正技
巧可以改善输出影片的品质。下面介绍具体操作步骤。

步骤 01　在 Premiere Pro CC 界面中，按【Ctrl + O】组合键，打开项目文件（素材\第
　　　　4 章\深夜都市.prproj），如图 4-42 所示。

步骤 02　打开项目文件后，在"节目监视器"面板中可以查看素材画面，如图 4-43
　　　　所示。

图 4-42　打开项目文件　　　　　　　图 4-43　查看素材画面

步骤 03　在"效果"面板中，依次展开"视频效果"｜"颜色校正"选项，在其中选
　　　　择"广播级颜色"视频特效，如图 4-44 所示。

步骤 04　单击鼠标左键并拖曳"广播级颜色"特效至"时间轴"面板 V1 轨道中的素
　　　　材文件上，如图 4-45 所示，释放鼠标即可添加视频特效。

步骤 05　选择 V1 轨道上的素材，在"效果控件"面板中，展开"广播级颜色"选项，
　　　　如图 4-46 所示。

步骤 06　设置"最大信号振幅"为 90，如图 4-47 所示。

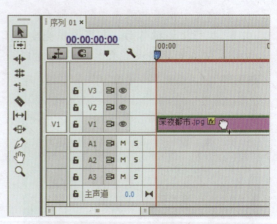

图 4-44　选择"广播级颜色"视频特效

图 4-45　拖曳"广播级颜色"特效

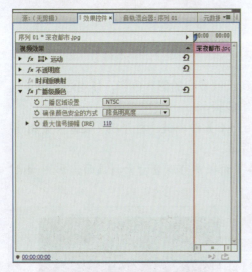

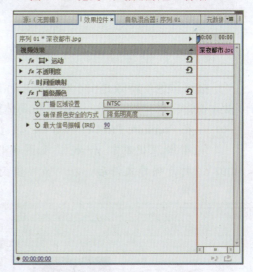

图 4-46　展开"广播级颜色"选项

图 4-47　设置"最大信号振幅"选项

步骤 07　执行上述操作后，即可运用广播级颜色调整色彩，单击"播放-停止切换"按钮，预览视频效果，如图 4-48 所示。

图 4-48　"广播级颜色"调整后的效果

4.1.7　使用"快速颜色校正器"

"快速颜色校正器"特效不仅可以通过调整素材的色调饱和度校正素材的颜色，还可以调整素材的白平衡。下面介绍具体操作步骤。

步骤 01 在 Premiere Pro CC 界面中，按【Ctrl + O】组合键，打开项目文件（素材\第4章\停泊岸边.prproj），如图 4-49 所示。

步骤 02 打开项目文件后，在"节目监视器"面板中可以查看素材画面，如图 4-50 所示。

图 4-49　打开项目文件

图 4-50　查看素材画面

步骤 03 在"效果"面板中，依次展开"视频效果"｜"颜色校正"选项，在其中选择"快速颜色校正器"视频特效，如图 4-51 所示。

步骤 04 单击鼠标左键并拖曳"快速颜色校正器"特效至"时间轴"面板 V1 轨道中的素材文件上，如图 4-52 所示，释放鼠标即可添加视频特效。

图 4-51　选择"快速颜色校正器"视频特效

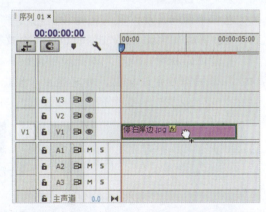

图 4-52　拖曳"快速颜色校正器"特效

步骤 05 选择 V1 轨道上的素材，在"效果控件"面板中，展开"快速颜色校正器"选项，单击"白平衡"选项右侧的色块，如图 4-53 所示。

步骤 06 在弹出的"拾色器"对话框中，设置 RGB 参数值分别为 119、198、187，如图 4-54 所示。

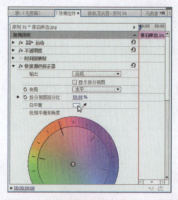

图 4-53 单击"白平衡"选项右侧的色块

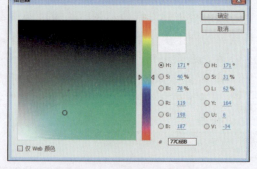

图 4-54 设置 RGB 参数值

▶ 专家指点

在"快速颜色校正器"选项列表中，用户还可以设置以下选项。

➢ 色相角度：控制色相旋转，默认值为 0，负值向左旋转色轮，正值向右旋转色轮。

➢ 平衡数量级：控制由"平衡角度"确定的颜色平衡校正量。

➢ 平衡增益：通过乘法来调整亮度值，使较亮的像素受到的影响大于较暗的像素受到的影响。

➢ 平衡增益：通过乘法来调整亮度值，使较亮的像素受到的影响大于较暗的像素受到的影响。

➢ 平衡角度：控制所需色相值的选择范围。

➢ 饱和度：调整图像的颜色饱和度，默认值为 100，表示不影响颜色，小于 100 的值表示降低饱和度，而 0 表示完全移除颜色，大于 100 的值将产生饱和度更高的颜色。

➢ **白平衡：** 通过使用吸管工具来采样图像中的目标颜色或监视器桌面上的任意位置，将白平衡分配给图像。也可以单击色板打开 Adobe 拾色器，然后选择颜色来定义白平衡。

➢ **色相平衡和角度：** 使用色轮控制色相平衡和色相角度，小圆形围绕色轮中心移动，并控制色相（UV）转换，这将会改变平衡数量级和平衡角度，小垂线可设置控件的相对粗精度，而此控件控制平衡增益。

步骤 07 单击"确定"按钮，即可运用"快速颜色校正器"调整色彩，单击"播放-停止切换"按钮，预览视频效果，如图 4-55 所示。

图 4-55 "快速颜色校正器"调整的前后对比效果

▶ 专家指点

　　在 Premiere Pro CC 中，用户也可以单击"白平衡"吸管，然后通过单击方式对节目监视器中的区域进行采样，最好对应为白色的区域采样。"快速颜色校正器"特效将会对采样的颜色向白色调整，从而校正素材画面的白平衡。

4.1.8　使用"更改颜色"

　　更改颜色是指通过指定一种颜色，然后用另一种新的颜色来替换用户指定的颜色，达到色彩转换的效果。下面介绍具体操作步骤。

步骤 01　在 Premiere Pro CC 界面中，按【Ctrl + O】组合键，打开项目文件（素材\第 4 章\七彩蝴蝶.prproj），如图 4-56 所示。

步骤 02　打开项目文件后，在"节目监视器"面板中可以查看素材画面，如图 4-57 所示。

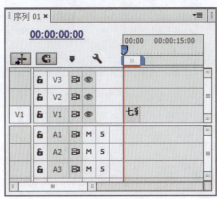

图 4-56　打开项目文件

图 4-57　查看素材画面

步骤 03　在"效果"面板中，依次展开"视频效果"│"颜色校正"选项，在其中选择"更改颜色"视频特效，如图 4-58 所示。

步骤 04　单击鼠标左键并拖曳"更改颜色"特效至"时间轴"面板 V1 轨道中的素材文件上，如图 4-59 所示，释放鼠标即可添加视频特效。

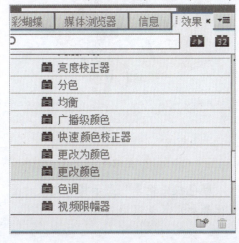

图 4-58　选择"更改颜色"视频特效

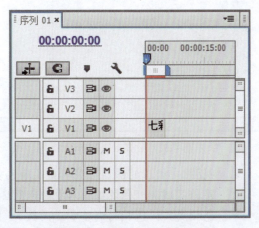

图 4-59　拖曳"更改颜色"特效

步骤 **05**　选择 V1 轨道上的素材，在 "效果控件" 面板中，展开 "更改颜色" 选项，单击 "要更改的颜色" 选项右侧的吸管图标，如图 4-60 所示。

步骤 **06**　在 "节目监视器" 中的合适位置单击，进行采样，如图 4-61 所示。

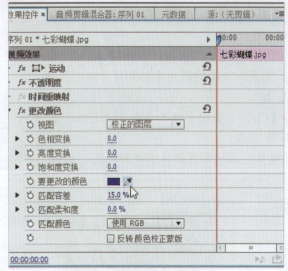
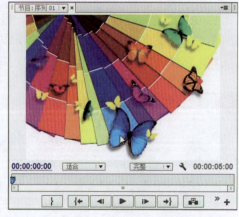

图 4-60　单击吸管图标　　　　　　　　　　图 4-61　进行采样

步骤 **07**　取样完成后，在 "效果控件" 面板中，展开 "更改颜色" 选项，设置 "色相变换" 为-175.0、"亮度变换" 为 8.0、"匹配容差" 为 28.0%，如图 4-62 所示。

步骤 **08**　执行上述操作后，即可运用 "更改颜色" 特效调整色彩，如图 4-63 所示。

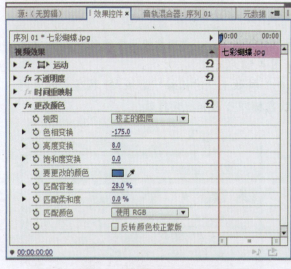

图 4-62　设置相应的选项　　　　　　　　　图 4-63　运用 "更改颜色" 特效调整色彩

➤ **视图：**"校正的图层" 显示更改颜色效果。"颜色校正遮罩" 显示将要更改的图层的区域。颜色校正遮罩中白色区域的变化最大，黑色区域变化最小。

➤ **色相变换：**色相的调整量（读数）。

➤ **亮度变换：**正值使匹配的像素变亮，负值使它们变暗。

> ➤ **饱和度变换：** 正值增加匹配的像素的饱和度（向纯色移动），负值降低匹配的像素的饱和度（向灰色移动）。
> ➤ **要更改的颜色：** 范围中要更改的中央颜色。
> ➤ **匹配容差：** 设置颜色可以在多大程度上不同于"要匹配的颜色"并且仍然匹配。
> ➤ **匹配柔和度：** 不匹配像素受效果影响的程度，与"要匹配的颜色"的相似性成比例。
> ➤ **匹配颜色：** 确定一个在其中比较颜色以确定相似性的色彩空间。RGB 在 RGB 色彩空间中比较颜色。色相在颜色的色相上做比较，忽略饱和度和亮度：因此鲜红和浅粉匹配。色度使用两个色度分量来确定相似性，忽略明亮度（亮度）。
> ➤ **反转颜色校正蒙版：** 反转用于确定哪些颜色受影响的蒙版。

步骤 09　单击"播放-停止切换"按钮，预览视频效果，如图 4-64 所示。

图 4-64　"更改颜色"调整的前后对比效果

▶ **专家指点**

　　当用户第一次确认需要修改的颜色时，只需要选择近似的颜色即可，因为在了解颜色替换效果后才能精确调整替换的颜色。"更改颜色"特效是通过调整素材色彩范围内色相、亮度以及饱和度的数值，以改变色彩范围内的颜色。

　　在 Premiere Pro CC 中，用户也可以使用"更改为颜色"特效，使用色相、亮度和饱和度（HLS）值将用户在图像中选择的颜色更改为另一种颜色，保持其他颜色不受影响。

　　"更改为颜色"提供了"更改颜色"效果未能提供的灵活性和选项。这些选项包括用于精确颜色匹配的色相、亮度和饱和度容差滑块，以及选择用户希望更改成的目标颜色的精确 RGB 值的功能，"更改为颜色"选项界面如图 4-65 所示。

　　将素材添加到"时间轴"面板的轨道上后，为素材添加"更改为颜色"特效，在"效果控件"面板中，展开"更改为颜色"选项，单击"自"右侧的色块，在弹出的"拾色器"对话框中设置 RGB 参数分别为 3、231、72；单击"至"右侧的色块，在弹出的"拾色器"对话框中设置 RGB 参数分别为 251、275、80；设置"色相"为 20、"亮度"为 60、"饱和度"为 20、"柔和度"为 20，调整效果如图 4-66 所示。

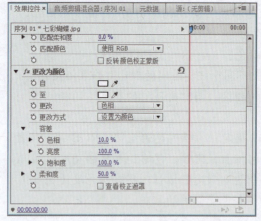

图 4-65 "更改为颜色"选项界面

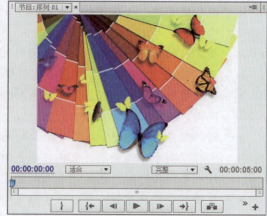

图 4-66 调整效果

- **自：**要更改的颜色范围的中心。
- **至：**将匹配的像素更改成的颜色。（要将动画颜色变化，请为"至"颜色设置关键帧。）
- **更改：**选择受影响的通道。
- **更改方式：**如何更改颜色，"设置为颜色"将受影响的像素直接更改为目标颜色；"变换为颜色"使用 HLS 插值向目标颜色变换受影响的像素值，每个像素的更改量取决于像素的颜色与"自"颜色的接近程度。
- **容差：**颜色可以在多大程度上不同于"自"颜色并且仍然匹配，展开此控件可以显示色相、亮度和饱和度值的单独滑块。
- **柔和度：**用于校正遮罩边缘的羽化量，较高的值将在受颜色更改影响的区域与不受影响的区域之间创建更平滑的过渡。
- **查看校正遮罩：**显示灰度遮罩，表示效果影响每个像素的程度，白色区域的变化最大，黑色区域变化最小。

4.1.9　使用"颜色平衡（HLS）"

　　HLS 分别表示色相、亮度以及饱和度 3 个颜色通道的简称。"颜色平衡（HLS）"特效能够通过调整画面的色相、饱和度以及明度来起到平衡素材颜色的作用。下面介绍"颜色平衡（HLS）"的操作方法。

步骤 01　在 Premiere Pro CC 界面中，按【Ctrl + O】组合键，打开项目文件（素材\第4章\音乐交响曲.prproj），如图 4-67 所示。

步骤 02　打开项目文件，在"节目监视器"面板中可以查看素材画面，如图 4-68 所示。

步骤 03　在"效果"面板中，依次展开"视频效果"|"颜色校正"选项，在其中选择"颜色平衡（HLS）"视频特效，如图 4-69 所示。

步骤 04　单击鼠标左键并拖曳"颜色平衡（HLS）"特效至"时间轴"面板 V1 轨道中的素材文件上，如图 4-70 所示，释放鼠标即可添加视频特效。

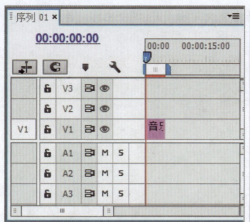

图 4-67　打开项目文件

图 4-68　查看素材画面

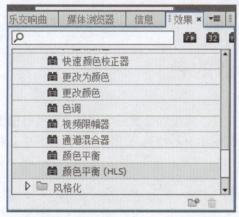

图 4-69　选择"颜色平衡（HLS）"视频特效

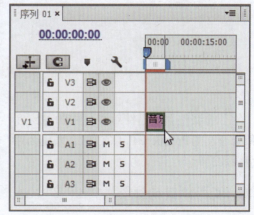

图 4-70　拖曳"颜色平衡（HLS）"特效

步骤 05　选择 V1 轨道上的素材，在"效果控件"面板中，展开"颜色平衡（HLS）"选项，如图 4-71 所示。

步骤 06　在"效果控件"面板中，设置"色相"为 8.0°、"亮度"为 10.0、"饱和度"为 10.0，如图 4-72 所示。

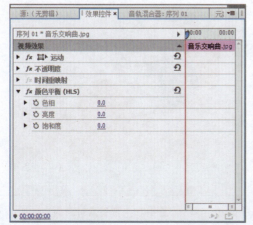

图 4-71　展开"颜色平衡（HLS）"选项

图 4-72　设置相应的数值

步骤 07 执行以上操作后，即可运用"颜色平衡（HLS）"调整色彩，单击"播放-停止切换"按钮，预览视频效果，如图 4-73 所示。

图 4-73　"颜色平衡（HLS）"特效调整的前后对比效果

4.2　调整图像的色彩

色彩的调整主要是针对素材中的对比度、亮度、颜色以及通道等项目进行特殊的调整和处理。在 Premiere Pro CC 中，系统为用户提供了 9 种特殊效果，本节将对其中几种常用特效进行介绍。

4.2.1　使用"自动颜色"

在 Premiere Pro CC 中，用户可以根据需要运用自动颜色调整图像的色彩。下面介绍"自动颜色"调整图像的操作方法。

步骤 01 在 Premiere Pro CC 界面中，按【Ctrl + O】组合键，打开项目文件（素材\第4章\精美饰品. prproj），如图 4-74 所示。

步骤 02 在"节目监视器"面板中可以查看素材画面，如图 4-75 所示。

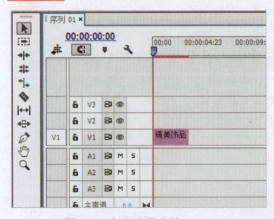 

图 4-74　打开项目文件　　　　　　　　图 4-75　查看素材画面

步骤 03 在"效果"面板中，依次展开"视频效果"｜"调整"选项，在其中选择"自动颜色"视频特效，如图 4-76 所示。

步骤 04 单击鼠标左键并拖曳"自动颜色"特效至"时间轴"面板 V1 轨道中的素材文件上，如图 4-77 所示，释放鼠标即可添加视频特效。

 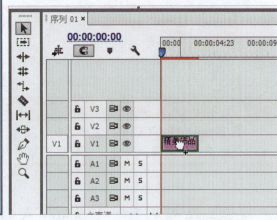

图 4-76　选择"自动颜色"视频特效　　　　　图 4-77　拖曳"自动颜色"特效

步骤 05 选择 V1 轨道上的素材，在"效果控件"面板中，展开"自动颜色"选项，如图 4-78 所示。

步骤 06 在"效果控件"面板中，设置"减少黑色像素"和"减少白色像素"均为 10.00%，如图 4-79 所示。

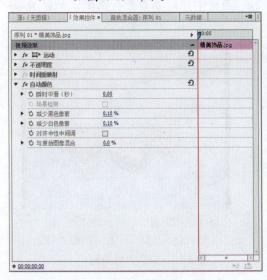 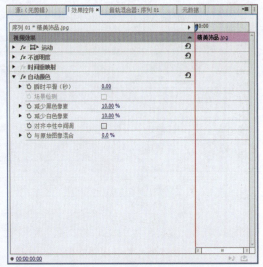

图 4-78　展开"自动颜色"选项　　　　　图 4-79　设置相应的数值

步骤 07 执行以上操作后，即可运用"自动颜色"调整色彩，单击"播放-停止切换"按钮，预览视频效果，如图 4-80 所示。

图 4-80　预览视频效果

▶ 专家指点

　　在 Premiere Pro CC 中，使用"自动颜色"视频特效，用户可以通过搜索图像的方式，来标识暗调、中间调和高光，以调整图像的对比度和颜色。

4.2.2　使用"自动色阶"

　　在 Premiere Pro CC 中，"自动色阶"特效可以自动调整素材画面的高光、阴影，并可以调整每一个位置的颜色，制作出漂亮的项目文件。下面介绍"自动色阶"调整图像的操作方法。

步骤 01　在 Premiere Pro CC 界面中，按【Ctrl + O】组合键，打开项目文件（素材\第 4 章\树叶.prproj），如图 4-81 所示。

步骤 02　打开项目文件后，在"节目监视器"面板中可以查看素材画面，如图 4-82 所示。

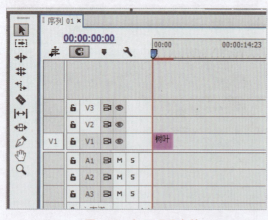

图 4-81　打开项目文件　　　　　　　　　　图 4-82　查看素材画面

步骤 03　在"效果"面板中，依次展开"视频效果"|"调整"选项，在其中选择"自动色阶"视频特效，如图 4-83 所示。

步骤 04　单击鼠标左键并拖曳"自动色阶"特效至"时间轴"面板 V1 轨道中的素材文件上，如图 4-84 所示，释放鼠标即可添加视频特效。

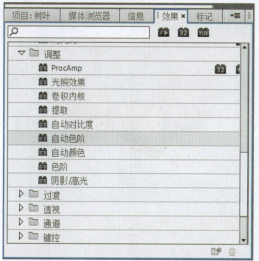

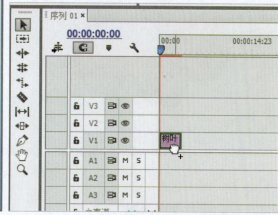

图 4-83　选择"自动色阶"视频特效　　　　图 4-84　拖曳"自动色阶"特效

步骤 05　选择 V1 轨道上的素材，在"效果控件"面板中，展开"自动色阶"选项，如图 4-85 所示。

步骤 06　在"效果控件"面板中，设置"减少白色像素"为 10.00%、"与原始图像混合"为 20.0%，如图 4-86 所示。

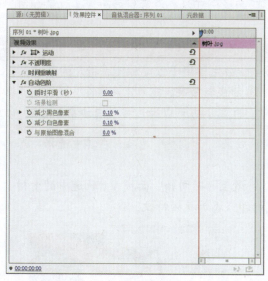

图 4-85　展开"自动色阶"选项　　　　　图 4-86　设置相应的数值

步骤 07　执行以上操作后，即可运用"自动色阶"调整色彩，单击"播放-停止切换"按钮，预览视频效果，如图 4-87 所示。

图 4-87 "自动色阶"调整的前后对比效果

4.2.3 使用"卷积内核"

在 Premiere Pro CC 中,"卷积内核"特效可以根据数学卷积分的运算来改变素材中的每一个像素。下面介绍"卷积内核"调整图像的操作方法。

步骤 **01** 在 Premiere Pro CC 界面中,按【Ctrl + O】组合键,打开项目文件(素材\第4章\彩铅.prproj),如图 4-88 所示。

步骤 **02** 打开项目文件后,在"节目监视器"面板中可以查看素材画面,其效果如图4-89 所示。

> ▶ 专家指点
>
> 在 Premiere Pro CC 中,"卷积内核"视频特效主要用于以某种预先指定的数字计算方法来改变图像中像素的亮度值,从而得到丰富的视频效果。在"效果控件"面板的"卷积内核"选项下,单击各选项前的三角形按钮,在其下方可以通过拖动滑块来调整数值。

步骤 **03** 在"效果"面板中,依次展开"视频效果"|"调整"选项,在其中选择"卷积内核"视频特效,如图 4-90 所示。

步骤 **04** 单击鼠标左键并拖曳"卷积内核"特效至"时间轴"面板 V1 轨道中的素材文件上,如图 4-91 所示,释放鼠标即可添加视频特效。

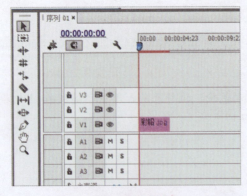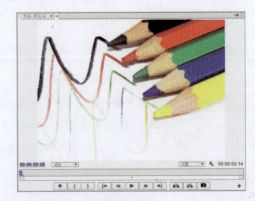

图 4-88 打开项目文件　　　　　　　图 4-89 查看素材画面

图 4-90　选择"卷积内核"视频特效　　　　　图 4-91　拖曳"卷积内核"特效

步骤 05　选择 V1 轨道上的素材，在"效果控件"面板中，展开"卷积内核"选项，如图 4-92 所示。

步骤 06　在"效果控件"面板中，设置 M11 为 2，如图 4-93 所示。

图 4-92　展开"卷积内核"选项　　　　　　图 4-93　设置相应的数值

步骤 07　执行以上操作后，即可运用"卷积内核"调整色彩，单击"播放-停止切换"按钮，预览视频效果，如图 4-94 所示。

图 4-94　"卷积内核"调整的前后对比效果

> ▶ **专家指点**
>
> 在"卷积内核"选项列表中，每项以字母 M 开头的设置均表示 3×3 矩阵中的一个单元格，例如，M11 表示第 1 行第 1 列的单元格，M22 表示矩阵中心的单元格。单击任何单元格设置旁边的数字，可以键入要作为该像素亮度值的倍数的值。

4.2.4 使用"光照效果"

在 Premiere Pro CC 中，"光照效果"视频特效可以用来在图像中制作并应用多种照明效果。下面介绍"光照效果"视频特效的操作方法。

步骤 01 在 Premiere Pro CC 界面中，按【Ctrl + O】组合键，打开项目文件（素材\第 4 章\珠宝广告.prproj），如图 4-95 所示。

步骤 02 打开项目文件后，在"节目监视器"面板中可以查看素材画面，如图 4-96 所示。

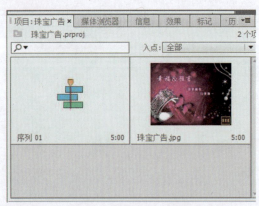

图 4-95　打开项目文件　　　　　　图 4-96　查看素材画面

步骤 03 在"效果"面板中，依次展开"视频效果"|"调整"选项，在其中选择"光照效果"视频特效，如图 4-97 所示。

步骤 04 单击鼠标左键并拖曳"光照效果"特效至"时间轴"面板 V1 轨道中的素材文件上，如图 4-98 所示，释放鼠标即可添加视频特效。

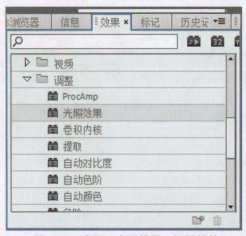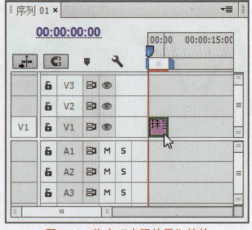

图 4-97　选择"光照效果"视频特效　　　　图 4-98　拖曳"光照效果"特效

▶ 专家指点

在"光照效果"选项列表中，还可以设置以下选项。

（1）表面材质：用于确定反射率较高者是光本身还是光照对象。值-100 表示反射光的颜色，值 100 表示反射对象的颜色。

（2）曝光：用于增加（正值）或减少（负值）光照的亮度。光照的默认亮度值为 0。

步骤 05 选择 V1 轨道上的素材，在"效果控件"面板中，展开"光照效果"选项，如图 4-99 所示。

步骤 06 在"效果控件"面板中，设置"光照类型"为"点光源"、"中央"为（16.0、126.0）、"主要半径"为 85.0、"次要半径"为 85.0、"角度"为 123.0°、"强度"为 9.0、"聚焦"为 16.0，如图 4-100 所示。

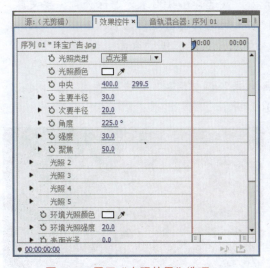

图 4-99　展开"光照效果"选项

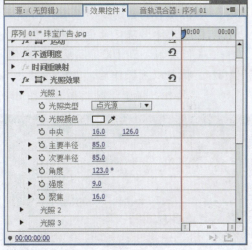

图 4-100　设置相应的数值

▶ 专家指点

在 Premiere Pro CC 中，对剪辑应用"光照效果"时，最多可采用 5 个光照来产生有创意的光照。"光照效果"可用于控制光照属性，如光照类型、方向、强度、颜色、光照中心和光照传播，Premiere Pro CC 中还有一个"凹凸层"控件可以使用其他素材中的纹理或图案产生特殊光照效果，例如类似 3D 表面的效果。

➤ **光照类型：** 选择光照类型以指定光源。"无"用来关闭光照；"方向型"从远处提供光照，使光线角度不变；"全光源"直接在图像上方提供四面八方的光照，类似于灯泡照在一张纸上的情形；"聚光"投射椭圆形光束。

➤ **光照颜色：** 用来指定光照颜色。可以单击色板使用 Adobe 拾色器选择颜色，然后单击"确定"按钮；也可以单击"吸管"图标，然后单击计算机桌面上的任意位置以选择颜色。

➤ **中央：** 使用光照中心的 X 和 Y 坐标值移动光照，也可以通过在节目监视器中拖动中心圆来定位光照。

➤ **主要半径：** 调整全光源或点光源的长度，也可以在节目监视器中拖动手柄来调整。

➢ **次要半径**：用于调整点光源的宽度。光照变为圆形后，增加次要半径也就会增加主要半径，也可以在节目监视器中拖动手柄之一来调整此属性。

➢ **角度**：用于更改平行光或点光源的方向。通过指定度数值可以调整此项控制，也可在"节目监视器"中将指针移至控制柄之外，直至其变成双头弯箭头，再进行拖动以旋转光。

➢ **强度**：该选项用于控制光照的明亮强度。

➢ **聚焦**：该选项用于调整点光源的最明亮区域的大小。

➢ **环境光照颜色**：该选项用于更改环境光的颜色。

➢ **环境光照强度**：提供漫射光，就像该光照与室内其他光照（如日光或荧光）相混合一样。选择值100表示仅使用光源，或选择值-100表示移除光源，要更改环境光的颜色，可以单击颜色框并使用出现的拾色器进行设置。

➢ **表面光泽**：决定表面反射多少光（类似在一张照相纸的表面上），值介于-100（低反射）到100（高反射）之间。

步骤 07 执行以上操作后，即可运用"光照效果"调整色彩，单击"播放-停止切换"按钮，预览视频效果，如图 4-101 所示。

图 4-101　"光照效果"调整的前后对比效果

4.2.5 使用"阴影/高光"

"阴影/高光"特效可以使素材画面变亮并加强阴影。下面介绍使用"阴影/高光"特效的操作方法。

步骤 01 在 Premiere Pro CC 界面中，按【Ctrl + O】组合键，打开项目文件（素材\第 4章\圣诞快乐.prproj），如图 4-102 所示。

步骤 02 打开项目文件后，在"节目监视器"面板中可以查看素材画面，如图 4-103 所示。

图 4-102　打开项目文件

图 4-103　查看素材画面

步骤 03　在"效果"面板中，依次展开"视频效果"|"调整"选项，在其中选择"阴影/高光"视频特效，如图 4-104 所示。

步骤 04　单击鼠标左键并拖曳"阴影/高光"特效至"时间轴"面板 V1 轨道中的素材文件上，如图 4-105 所示，释放鼠标即可添加视频特效。

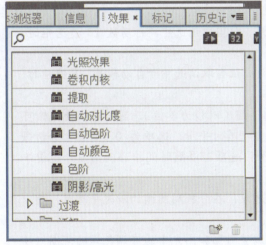

图 4-104　选择"阴影/高光"视频特效

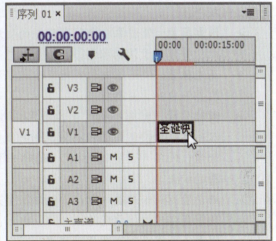

图 4-105　拖曳"阴影/高光"特效

步骤 05　选择 V1 轨道上的素材，在"效果控件"面板中，展开"阴影/高光"选项，如图 4-106 所示。

步骤 06　在"效果控件"面板中，设置"阴影色调宽度"为 50、"阴影半径"为 89、"高光半径"为 27、"颜色校正"为 20、"减少黑色像素"为 26.00%、"减少白色像素"为 15.01%，如图 4-107 所示。

▶ 专家指点

在 Premiere Pro CC 中，"阴影/高光"效果主要通过增亮图像中的主体，而降低图像中的高光。"阴影/高光"效果不会使整个图像变暗或变亮，它基于周围的像素独立调整阴影和高光，也可以调整图像的总体对比度，默认设置用于修复有逆光问题的图像。

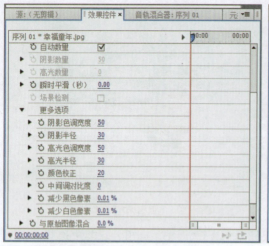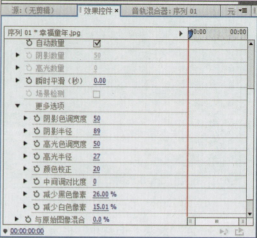

图 4-106　展开"阴影/高光"选项　　　　　图 4-107　设置相应的数值

➤ **自动数量：** 如果选择此选项，将忽略"阴影数量"和"高光数量"值，并使用适合变亮和恢复阴影细节的自动确定的数量。选择此选项还会激活"瞬时平滑"控件。

➤ **阴影数量：** 使图像中的阴影变亮的程度，仅当取消选中"自动数量"复选框时，此控件才处于活动状态。

➤ **高光数量：** 使图像中的高光变暗的程度，仅当取消选中"自动数量"复选框时，此控件才处于活动状态。

➤ **瞬时平滑：** 相邻帧相对于其周围帧的范围（以秒为单位），通过分析此范围可以确定每个帧所需的校正量，如果设置"瞬时平滑"选项为 0，将独立分析每个帧，而不考虑周围的帧。"瞬时平滑"选项可以随时间推移而形成外观更平滑的校正。

➤ **场景检测：** 如果选中"场景检测"复选框，在分析周围帧的瞬时平滑时，超出场景变化的帧将被忽略。

➤ **阴影色调宽度和高光色调宽度：** 用于调整阴影和高光中的可调色调的范围，较低的值将可调范围分别限制到仅最暗和最亮的区域，较高的值会扩展可调范围，这些控件有助于隔离要调整的区域。例如，要使暗的区域变亮的同时不影响中间调，应设置较低的"阴影色调宽度"值，以便在调整"阴影数量"选项时，仅使图像最暗的区域变亮，指定对给定图像而言太大的值可能在强烈的从暗到亮边缘的周围产生光晕。

➤ **阴影半径和高光半径：** 某个像素周围区域的半径（以像素为单位），效果使用此半径来确定这一像素是否位于阴影或高光中。通常，此值应大致等于图像中的关注主体的大小。

➤ **颜色校正：** 效果应用于所调整的阴影和高光的颜色校正量。例如，如果增大"阴影数量"值，原始图像中的暗色将显示出来；"颜色校正"值越高，这些颜色越饱和；对阴影和高光的校正越明显，可用的颜色校正范围越大。

➤ **中间调对比度：** 效果应用于中间调的对比度的数量，较高的值单独增加中间调中的对比度，而同时使阴影变暗、高光变亮，负值表示降低对比度。

> **与原始图像混合：** 用于调整效果的透明度。效果与原始图像混合，合成的效果位于顶部，此值设置得越高，效果对剪辑的影响越小。例如，如果将此值设置为 100%，效果对剪辑没有可见结果；如果将此值设置为 0%，原始图像不会显示出来。

步骤 07　执行以上操作后，即可运用"阴影/高光"调整色彩，单击"播放-停止切换"按钮，预览视频效果，如图 4-108 所示。

图 4-108　"阴影/高光"调整的前后对比效果

4.2.6　使用"自动对比度"

"自动对比度"特效主要用于调整素材整体色彩的混合，去除素材的偏色。下面介绍运用"自动对比度"调整图像的操作方法。

步骤 01　在 Premiere Pro CC 界面中，按【Ctrl + O】组合键，打开项目文件（素材\第 4 章\窗台一景.prproj），如图 4-109 所示。

步骤 02　打开项目文件后，在"节目监视器"面板中可以查看素材画面，如图 4-110 所示。

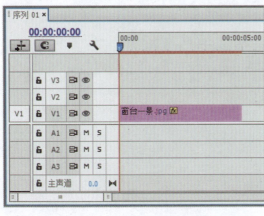

图 4-109　打开项目文件　　　　图 4-110　查看素材画面

步骤 03　在"效果"面板中，依次展开"视频效果"|"调整"选项，在其中选择"自动对比度"视频特效，如图 4-111 所示。

步骤 **04** 单击鼠标左键并拖曳"自动对比度"特效至"时间轴"面板 V1 轨道中的素材文件上,如图 4-112 所示,释放鼠标即可添加视频特效。

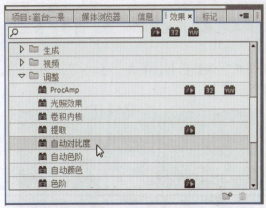

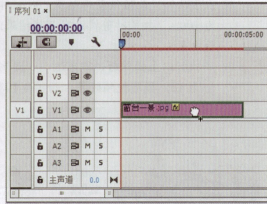

图 4-111　选择"自动对比度"视频特效　　　　图 4-112　拖曳"自动对比度"特效

▶ **专家指点**

在 Premiere Pro CC 中,使用"自动对比度"视频特效,可以让系统自动调整图像中颜色的总体对比度和混合颜色,该视频并不进行单独地调整各通道,所以不会引入或消除色偏,它是将图像中的最亮的和最暗的素材像素映射为白色和黑色,使高光显得更亮,而暗调显得更暗。

步骤 **05** 选择 V1 轨道上的素材,在"效果控件"面板中,展开"自动对比度"选项,如图 4-113 所示。

步骤 **06** 在"效果控件"面板中,设置"减少黑色像素"为 10.00%,如图 4-114 所示。

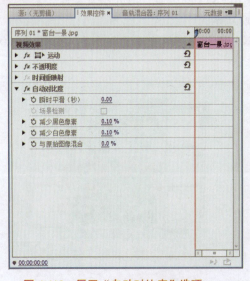

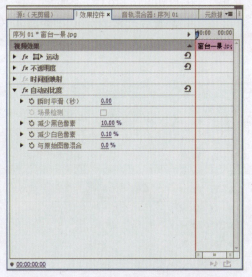

图 4-113　展开"自动对比度"选项　　　　图 4-114　设置相应的数值

➤ **瞬时平滑:** 用于调整相邻帧相对于其周围帧的范围(以秒为单位),通过分析此范围可以确定每个帧所需的校正量。如果"瞬时平滑"为 0,将独立分析每个帧,而不考虑周围的帧。"瞬时平滑"选项可以随时间推移而形成外观更平滑的校正。

> **场景检测**：如果选中该复选框，在效果分析周围帧的瞬时平滑时，超出场景变化的帧将被忽略。

> **减少黑色像素、减少白色像素**：有多少阴影和高光被剪切到图像中新的极端阴影和高光颜色。注意不要将剪切值设置得太大，因为这样做会降低阴影或高光中的细节。建议设置为 0.0% 到 1% 之间的值。默认情况下，阴影和高光像素将被剪切 0.1%，也就是说，当发现图像中最暗和最亮的像素时，将会忽略任一极端的前 0.1%；这些像素随后映射到输出黑色和输出白色。此剪切可确保输入黑色和输入白色值基于代表像素值而不是极端像素值。

▶ **专家指点**

在 Premiere Pro CC 中，"自动对比度"特效与"自动色阶"特效都可以用来调整对比度与颜色。其中，"自动对比度"特效在无需增加或消除色偏的情况下调整总体对比度和颜色混合；"自动色阶"特效会自动校正高光和阴影。另外，由于"自动色阶"特效单独调整每个颜色通道，因此可能会消除或增加色偏。

步骤 07　执行以上操作后，即可运用"自动对比度"调整色彩，单击"播放-停止切换"按钮，预览视频效果，如图 4-115 所示。

图 4-115　"自动对比度"调整的前后对比效果

▶ **专家指点**

在 Premiere Pro CC 中，使用"自动对比度"视频特效，将通道中的像素自定义为白色和黑色后，根据需要按比例重新分配中间像素值来自动调整图像的色调。

4.3　控制图像的色调

在 Premiere Pro CC 中，图像的色调控制主要用于纠正素材画面的色彩，以弥补素材在前期采集中所存在的一些不足。本节主要介绍图像色调的控制技巧。

4.3.1 调整图像的黑白

"黑白"特效主要是用于将素材画面转换为灰度图像。下面介绍调整图像的黑白效果的操作方法。

步骤 01 在 Premiere Pro CC 界面中，按【Ctrl + O】组合键，打开项目文件（素材\第 4 章\海底世界.prproj），如图 4-116 所示。

步骤 02 打开项目文件后，在"节目监视器"面板中可以查看素材画面，如图 4-117 所示。

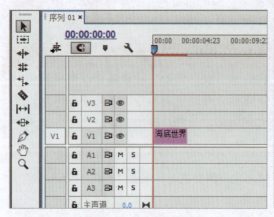

图 4-116　打开项目文件　　　　　　图 4-117　查看素材画面

步骤 03 在"效果"面板中，依次展开"视频效果"|"图像控制"选项，在其中选择"黑白"视频特效，如图 4-118 所示。

步骤 04 单击鼠标左键并拖曳"黑白"特效至"时间轴"面板 V1 轨道中的素材文件上，如图 4-119 所示，释放鼠标即可添加视频特效。

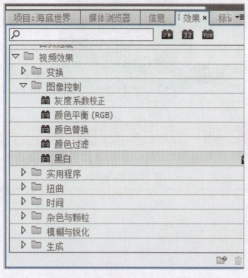

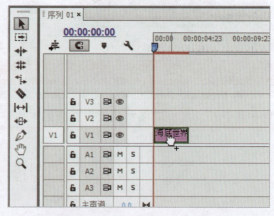

图 4-118　选择"黑白"视频特效　　　图 4-119　拖曳"黑白"特效

步骤 05 选择 V1 轨道上的素材，在"效果控件"面板中，展开"黑白"选项，保持默认设置即可，如图 4-120 所示。

步骤 **06**　执行以上操作后，即可运用"黑白"调整色彩，单击"播放-停止切换"按钮，预览视频效果，如图 4-121 所示。

图 4-120　保持默认设置　　　　　　　　图 4-121　预览视频效果

4.3.2　调整图像的颜色过滤

"颜色过滤"特效主要用于将图像中某一指定单一颜色外的其他部分转换为灰度图像。下面介绍调整图像颜色过滤的操作方法。

步骤 **01**　在 Premiere Pro CC 界面中，按【Ctrl + O】组合键，打开项目文件（素材\第4 章\小花盆.prproj），如图 4-122 所示。

步骤 **02**　打开项目文件后，在"节目监视器"面板中可以查看素材画面，如图 4-123所示。

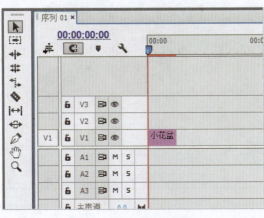

图 4-122　打开项目文件　　　　　　　　图 4-123　查看素材画面

步骤 **03**　在"效果"面板中，依次展开"视频效果"|"图像控制"选项，在其中选择"颜色过滤"视频特效，如图 4-124 所示。

步骤 **04** 单击鼠标左键并拖曳"颜色过滤"特效至"时间轴"面板 V1 轨道中的素材
文件上，如图 4-125 所示，释放鼠标即可添加视频特效。

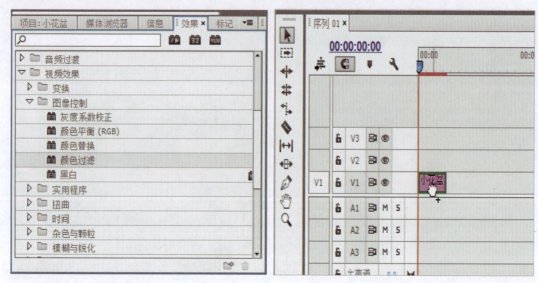

图 4-124 选择"颜色过滤"视频特效   图 4-125 拖曳"颜色过滤"特效

步骤 **05** 选择 V1 轨道上的素材，在"效果控件"面板中，展开"颜色过滤"选项，
如图 4-126 所示。

步骤 **06** 在"效果控件"面板中，单击"颜色"右侧的吸管，在"节目监视器"中单
击素材背景中的紫色进行采样，如图 4-127 所示。

图 4-126 展开"颜色过滤"选项   图 4-127 进行采样

步骤 **07** 取样完成后，展开"效果控件"面板，设置"相似性"为 20，如图 4-128
所示。

步骤 **08** 执行以上操作后，即可运用"颜色过滤"调整色彩，"节目监视器"面板效
果如图 4-129 所示。

步骤 09　单击"播放-停止切换"按钮，即可预览视频效果，如图 4-130 所示。

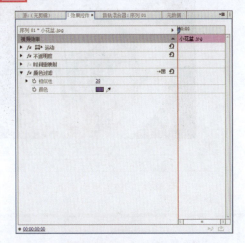

图 4-128　设置相应选项

图 4-129　运用"颜色过滤"调整色彩

图 4-130　颜色过滤调整的前后对比效果

4.3.3　调整图像的颜色替换

"颜色替换"特效主要是通过目标颜色来改变素材中的颜色。下面介绍调整图像的颜色替换的操作方法。

步骤 01　在 Premiere Pro CC 界面中，按【Ctrl＋O】组合键，打开项目文件（素材\第 4 章\小黄花.prproj），如图 4-131 所示。

步骤 02　打开项目文件后，在"节目监视器"面板中可以查看素材画面，如图 4-132 所示。

步骤 03　在"效果"面板中，依次展开"视频效果"|"图像控制"选项，在其中选择"颜色替换"视频特效，如图 4-133 所示。

步骤 04　单击鼠标左键并拖曳"颜色替换"特效至"时间轴"面板 V1 轨道中的素材文件上，如图 4-134 所示，释放鼠标即可添加视频特效。

图 4-131 打开项目文件

图 4-132 查看素材画面

图 4-133 选择"颜色替换"视频特效

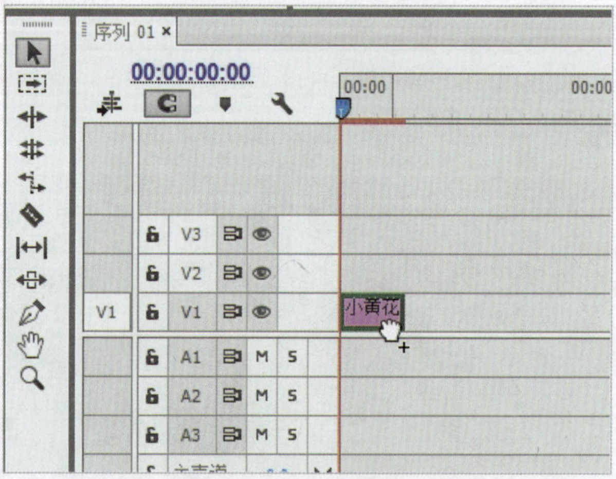

图 4-134 拖曳"颜色替换"特效

步骤 **05** 选择 V1 轨道上的素材,在"效果控件"面板中,展开"颜色替换"选项,如图 4-135 所示。

步骤 **06** 在"效果控件"面板中,单击"目标颜色"右侧的吸管,并在"节目监视器"的素材背景中吸取枝干颜色,进行采样,如图 4-136 所示。

图 4-135 展开"颜色替换"选项

图 4-136 进行采样

步骤 07 取样完成后，在"效果控件"面板中，设置"替换颜色"为黑色，设置"相似性"为 30，如图 4-137 所示。

步骤 08 执行以上操作后，即可运用"颜色替换"调整色彩，如图 4-138 所示。

图 4-137 设置相应选项

图 4-138 预览视频效果

步骤 09 单击"播放-停止切换"按钮，预览视频效果，如图 4-139 所示。

图 4-139 颜色替换调整的前后对比效果

4.3.4 调整图像的灰度系数校正

在 Premiere Pro CC 中，"灰度系数校正"特效主要是用于修正图像的中间色调。下面介绍运用灰度系数校正调整图像的操作方法。

步骤 01 在 Premiere Pro CC 界面中，按【Ctrl + O】组合键，打开项目文件（素材\第 4 章\楼梯一角.prproj），如图 4-140 所示。

步骤 02 打开项目文件后，在"节目监视器"面板中可以查看素材画面，如图 4-141 所示。

步骤 03 在"效果"面板中，依次展开"视频效果"|"图像控制"选项，在其中选择"灰度系数校正"视频特效，如图 4-142 所示。

步骤 04 单击鼠标左键并拖曳"灰度系数校正"特效至"时间轴"面板 V1 轨道中的素材文件上，如图 4-143 所示，释放鼠标即可添加视频特效。

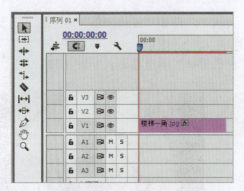

图 4-140　打开项目文件

图 4-141　查看素材画面

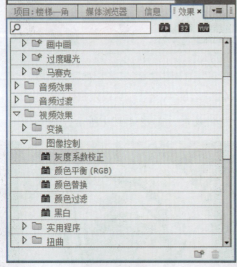

图 4-142　选择"灰度系数校正"视频特效

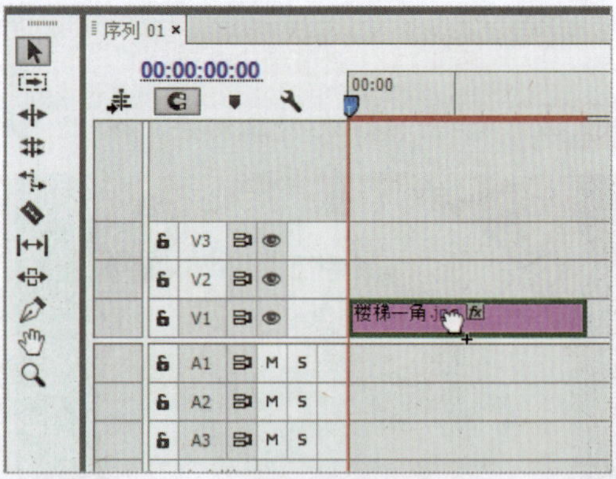

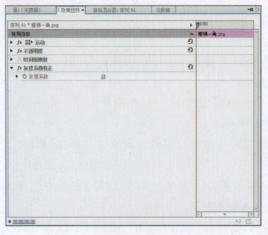

图 4-143　拖曳"灰度系数校正"特效

步骤 05　选择 V1 轨道上的素材，在"效果控件"面板中，展开"灰度系数校正"选项，如图 4-144 所示。

步骤 06　在"灰度系数校正"面板中，设置"灰度系数"为 20，如图 4-145 所示。

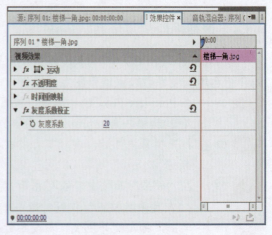

图 4-144　展开"灰度系数校正"选项

图 4-145　设置相应选项

▶ 专家指点

　　用户在添加特效后，在"效果控件"面板中，即可展开添加的特效选项面板，在其中设置各参数，如果"效果控件"面板中没有看到添加的特效选项面板，则是没有添加成功，需要用户重新添加一次。

步骤 07　执行以上操作后，即可运用"灰度系数校正"调整色彩，单击"播放-停止切换"按钮，预览视频效果，如图 4-146 所示。

图 4-146　灰度系数校正调整的前后对比效果

4.3.5　调整图像的颜色平衡（RGB）

　　在 Premiere Pro CC 中，"颜色平衡（RGB）"特效是用于调整素材画面色彩的 RGB 参数，以校正图像的色彩。下面介绍运用颜色平衡（RGB）调整图像的操作方法。

步骤 01　在 Premiere Pro CC 界面中，按【Ctrl + O】组合键，打开项目文件（素材\第 4 章\雅致别墅群.prproj），如图 4-147 所示。

步骤 02　打开项目文件后，在"节目监视器"面板中可以查看素材画面，如图 4-148 所示。

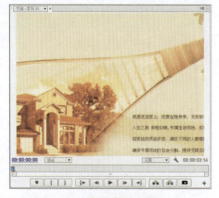

图 4-147　打开项目文件　　　　　　　　图 4-148　查看素材画面

步骤 03　在"效果"面板中，依次展开"视频效果"｜"图像控制"选项，在其中选择"颜色平衡（RGB）"视频特效，如图 4-149 所示。

步骤 04　单击鼠标左键并拖曳"颜色平衡（RGB）"特效至"时间轴"面板 V1 轨道中的素材文件上，如图 4-150 所示，释放鼠标即可添加视频特效。

步骤 05 选择 V1 轨道上的素材，在"效果控件"面板中，展开"颜色平衡（RGB）"选项，如图 4-151 所示。

步骤 06 在"效果控件"面板中，设置"红色"为 105、"绿色"为 105、"蓝色"为 110，如图 4-152 所示。

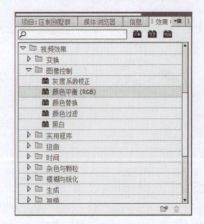

图 4-149 选择"颜色平衡（RGB）"视频特效

图 4-150 拖曳"颜色平衡（RGB）"特效

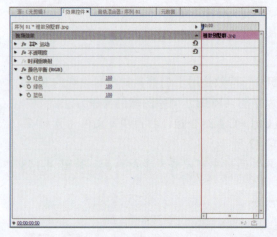

图 4-151 展开"颜色平衡（RGB）"选项

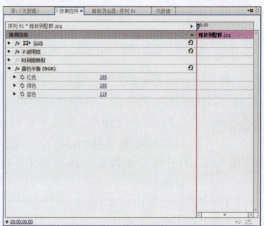

图 4-152 设置相应选项

步骤 07 执行以上操作后，即可运用"颜色平衡（RGB）"调整色彩，单击"播放-停止切换"按钮，预览视频效果，如图 4-153 所示。

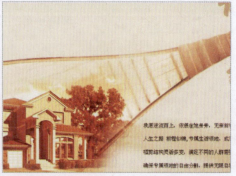

图 4-153 颜色平衡（RGB）调整的前后对比效果

▶ 专家指点

　　在 Premiere Pro CC 中，"图像控制"视频特效组可以用来调整图像色调的效果，以弥补素材在前期采集时存在的不足，该视频特效组提供了 5 种视频特效，通过使用这些视频特效，可以调整出不同的色彩。

本章小结

　　本章详细讲解了在 Premiere Pro CC 中色彩色调的校正和调整技巧，包括使用"RGB曲线""亮度曲线"和"更改颜色"等特效校正视频的色彩；使用"自动颜色""自动色阶"和"卷积内核"等特效调整图像的色彩；调整图像的黑白、颜色过滤一级颜色平衡等色调。学完本章，读者可以掌握"效果"面板中的每个特效的使用方法和作用，为日后打下坚实的基础。

课后习题

　　鉴于本章知识的重要性，为了帮助读者更好地掌握所学知识，本节将通过上机习题，帮助读者巩固和强化前面所学内容，再次提升读者的应用能力。
　　本习题需要掌握使用"视频限幅器"限制视频剪辑中的明亮度和颜色，效果如图4-154所示。

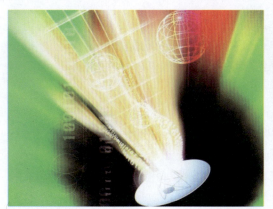

图 4-154　视频限幅器调整的前后对比效果

第 5 章 编辑与设置转场效果

【本章导读】

转场主要利用某些特殊的效果，在素材与素材之间产生自然、平滑、美观以及流畅的过渡效果，可以让视频画面更富有表现力。合理地运用转场效果，可以制作出让人赏心悦目的影视片头。本章将详细介绍编辑与设置转场的方法。

【本章重点】

➢ 添加转场效果
➢ 替换和删除转场效果
➢ 反向转场效果
➢ 设置转场边框
➢ 翻页效果
➢ 向上折叠

5.1 添加、替换与删除转场效果

视频影片是由镜头与镜头之间的链接组建起来的，因此在许多镜头与镜头之间的切换过程中，难免会显得过于僵硬，此时，用户可以在两个镜头之间添加转场效果，使得镜头与镜头之间的过渡更为平滑。本节主要介绍转场效果的编辑基本操作方法。

5.1.1 添加转场效果

在 Premiere Pro CC 中，转场效果被放置在"效果"面板的"视频过渡"文件夹中，用户只需将转场效果拖入视频轨道中即可。下面介绍添加转场效果的操作方法。

步骤 **01** 在 Premiere Pro CC 界面中，按【Ctrl + O】组合键，打开项目文件（素材\第 5 章\夏日童话.prproj），如图 5-1 所示。

步骤 **02** 在"效果控件"面板中调整素材的缩放比例，在"效果"面板中展开"视频过渡"选项，如图 5-2 所示。

步骤 **03** 执行上述操作后，在其中展开"3D 运动"选项，选择"旋转离开"转场效果，如图 5-3 所示。

步骤 **04** 单击鼠标左键并将其拖曳至 V1 轨道的两个素材之间，即可添加转场效果，如图 5-4 所示。

图 5-1　打开项目文件

图 5-2　展开"视频过渡"选项

图 5-3　选择"旋转离开"转场效果

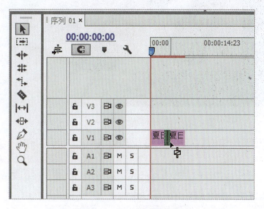

图 5-4　添加转场效果

步骤 05　执行上述操作后，单击"节目监视器"面板中的"播放-停止切换"按钮，即可预览转场效果，如图 5-5 所示。

图 5-5　预览转场效果

▶ 专家指点

在 Premiere Pro CC 中，添加完转场效果后，按【空格】键，也可播放转场效果。

5.1.2 替换和删除转场效果

在 Premiere Pro CC 中，当用户发现添加的转场效果并不满意时，可以替换或删除转场效果。下面介绍替换和删除转场效果的操作方法。

步骤 01 在 Premiere Pro CC 界面中，按【Ctrl + O】组合键，打开项目文件（素材\第 5 章\演奏乐器.prproj），如图 5-6 所示。

步骤 02 在"时间轴"面板的 V1 轨道中可以查看转场效果，如图 5-7 所示。

图 5-6　打开项目文件

图 5-7　查看转场效果

> ▶ **专家指点**
>
> 在 Premiere Pro CC 中，如果用户不再需要某个转场效果，可以在"时间轴"面板中选择该转场效果，按【Delete】键删除即可。

步骤 03 在"效果"面板中展开"视频过渡"|"划像"选项，选择"圆划像"转场效果，如图 5-8 所示。

步骤 04 单击鼠标左键并将其拖曳至 V1 轨道的原转场效果所在位置，即可替换转场效果，如图 5-9 所示。

图 5-8　选择"圆划像"转场效果

图 5-9　替换转场效果

步骤 05 执行上述操作后，单击"节目监视器"面板中的"播放-停止切换"按钮，即可预览替换后的转场效果，如图 5-10 所示。

步骤 06 在"时间轴"面板中选择转场效果，单击鼠标右键，在弹出的快捷菜单中选择"清除"选项，如图 5-11 所示，即可删除转场效果。

图 5-10　预览转场效果

图 5-11　选择"清除"选项

5.2　设置转场效果的属性参数

在 Premiere Pro CC 中，可以对添加后的转场效果进行相应设置，从而达到美化转场效果的目的。本节主要介绍设置转场效果属性的方法。

5.2.1　设置转场时间

在默认情况下，添加的视频转场效果默认为 30 帧的播放时间，用户可以根据需要对转场的播放时间进行调整。下面介绍设置转场播放时间的操作方法。

步骤 01 在 Premiere Pro CC 界面中，按【Ctrl + O】组合键，打开项目文件（素材\第5章\欢庆.prproj），如图 5-12 所示。

步骤 02 在"效果控件"面板中调整素材的缩放比例，在"效果"面板中展开"视频过渡" | "划像"选项，选择"划像形状"转场效果，如图 5-13 所示。

图 5-12　打开项目文件

图 5-13　选择"划像形状"转场效果

步骤 03　单击鼠标左键并将其拖曳至 V1 轨道的两个素材之间，即可添加转场效果，如图 5-14 所示。

步骤 04　在"时间轴"面板的 V1 轨道中选择添加的转场效果，在"效果控件"面板中设置"持续时间"为 00:00:05:00，如图 5-15 所示。

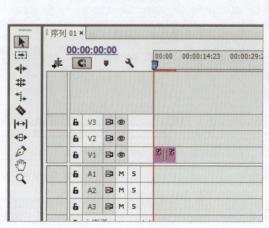

图 5-14　添加转场效果　　　　　　　　　图 5-15　设置持续时间

步骤 05　执行上述操作后，即可设置转场时间，单击"节目监视器"面板中的"播放-停止切换"按钮，即可预览转场效果，如图 5-16 所示。

图 5-16　预览转场效果

5.2.2　对齐转场效果

在 Premiere Pro CC 中，用户可以根据需要对添加的转场效果设置对齐方式。下面介绍对齐转场效果的操作方法。

步骤 01　在 Premiere Pro CC 界面中，按【Ctrl + O】组合键，打开项目文件（素材\第 5 章\户外广告.prproj），如图 5-17 所示。

图 5-17 打开项目文件

步骤 02 在"项目"面板中拖曳素材至 V1 轨道中,在"效果控件"面板中调整素材的缩放比例,在"效果"面板中展开"视频过渡"|"页面剥落"选项,选择"卷走"转场效果,如图 5-18 所示。

步骤 03 单击鼠标左键并将其拖曳至 V1 轨道的两个素材之间,即可添加转场效果,如图 5-19 所示。

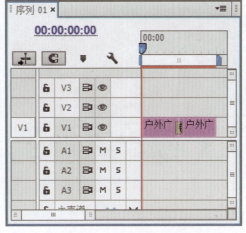

图 5-18 选择"卷走"转场效果　　　　图 5-19 添加转场效果

▶ 专家指点

　　Premiere Pro CC 中的"效果控件"面板中,系统默认的对齐方式为居中于切点,用户还可以设置对齐方式为居中于切点、起点切入或者结束于切点。

步骤 04 双击添加的转场效果,在"效果控件"面板中单击"对齐"右侧的下拉按钮,在弹出的列表框中选择"起点切入"选项,如图 5-20 所示。

步骤 05 执行上述操作后,V1 轨道上的转场效果即可对齐到"起点切入"位置,如图 5-21 所示。

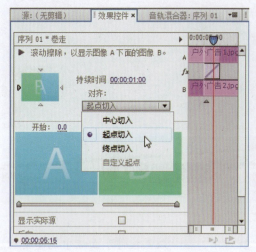
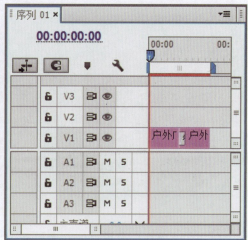

图 5-20　选择"起点切入"　　　　图 5-21　选项　对齐转场效果

步骤 06　单击"节目监视器"面板中的"播放-停止切换"按钮，即可预览转场效果，如图 5-22 所示。

图 5-22　预览转场效果

5.2.3　反向转场效果

在 Premiere Pro CC 中，将转场效果设置反向，预览转场效果时可以反向预览显示效果，即将原来由 A 向 B 过渡，更改为由 B 向 A 过渡，先显示 B 再显示 A。下面介绍反向转场效果的操作方法。

步骤 01　在 Premiere Pro CC 界面中，按【Ctrl＋O】组合键，打开项目文件（素材\第 5 章\春秋之景.prproj），如图 5-23 所示。

步骤 02　在"时间轴"面板中选择转场效果，如图 5-24 所示。

步骤 03　执行上述操作后，展开"效果控件"面板，如图 5-25 所示。

图 5-23　打开项目文件

图 5-24　选择转场效果

图 5-25　展开"效果控件"面板

步骤 **04**　在"效果控件"面板中，选中"反向"复选框，如图 5-26 所示。

步骤 **05**　执行上述操作后，单击"节目监视器"面板中的"播放-停止切换"按钮，即可预览反向转场效果，如图 5-27 所示。

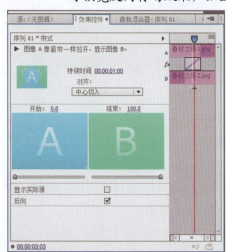

图 5-26　选中"反向"复选框

图 5-27　预览反向转场效果

5.2.4　设置转场边框

在 Premiere Pro CC 中，不仅可以对齐转场、设置转场播放时间、反向效果等，还可以设置边框宽度及边框颜色。下面介绍设置边框与颜色的操作方法。

步骤 01 在 Premiere Pro CC 界面中，按【Ctrl + O】组合键，打开项目文件（素材\第5章\花朵.prproj），如图 5-28 所示。

步骤 02 在"时间轴"面板中选择转场效果，如图 5-29 所示。

图 5-28　打开项目文件

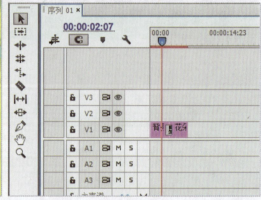

图 5-29　选择转场效果

步骤 03 在"效果控件"面板中单击"边框颜色"右侧的色块，弹出"拾色器"对话框，在其中设置 RGB 颜色值为 60、255、0，如图 5-30 所示。

步骤 04 单击"确定"按钮，在"效果控件"面板中设置"边框宽度"为 5.0，如图5-31 所示。

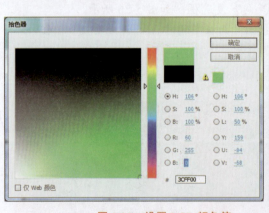

图 5-30　设置 RGB 颜色值

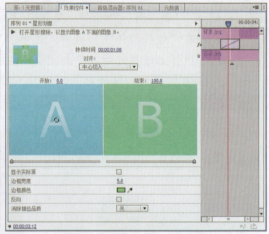

图 5-31　设置边宽值

步骤 05 执行上述操作后，单击"节目监视器"面板中的"播放-停止切换"按钮，即可预览设置边框颜色后的转场效果，如图 5-32 所示。

图 5-32　预览转场效果

5.3　制作精彩视频转场特效

Premiere Pro CC 根据视频效果的作用和效果，将提供的 70 多种视频过渡效果分为"3D 运动""伸缩""划像""擦除""映射""溶解""滑动""特殊效果""缩放""页面剥落"10 个文件夹，放置在"效果"面板中的"视频过渡"文件夹中。

> ▶ 专家指点
>
> 　在"时间轴"面板中，视频过渡通常应用于同一轨道上相邻的两个素材文件之间，也可以应用在素材文件的开始或者结尾处。在已添加视频过渡的素材文件上，将会出现相应的视频过渡图标█，图标的宽度会根据视频过渡的持续时间长度而变化，选择相应的视频过渡图标，此时图标变成灰色█，切换至"效果控件"面板，可以对视频过渡进行详细设置，选中"显示实际源"复选框，即可在面板中的预览区内预览实际素材效果。

5.3.1　翻页效果

　"翻页"转场效果主要是将第一幅图像以翻页的形式从一角卷起，最终将第二幅图像显示出来。下面介绍"翻页"转场效果的操作方法。

步骤 01　在 Premiere Pro CC 界面中，按【Ctrl + O】组合键，打开项目文件（素材\第5章\口红广告.prproj），如图 5-33 所示。

步骤 02　打开项目后，在"节目监视器"面板中可以查看素材画面，如图 5-34 所示。

图 5-33　打开项目文件

图 5-34　查看素材画面

步骤 **03** 在"效果"面板中，依次展开"视频过渡"|"页面剥落"选项，在其中选择"翻页"视频过渡，如图 5-35 所示。

步骤 **04** 将"翻页"视频过渡拖曳至"时间轴"面板中相应的两个素材文件之间，如图 5-36 所示。

图 5-35　选择"翻页"视频过渡

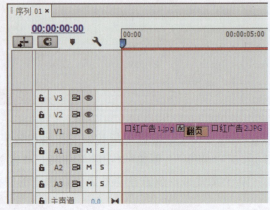

图 5-36　添加视频过渡

步骤 **05** 执行操作后，即可添加"翻页"转场效果，在"节目监视器"面板中，单击"播放-停止切换"按钮，预览添加转场后的视频效果，如图 5-37 所示。

图 5-37　预览视频效果

▶ 专家指点

用户在"效果"面板的"页面剥落"列表框中，选择"翻页"转场效果后，可以单击鼠标右键，弹出快捷菜单，选择"设置所选择为默认过渡"选项，即可将"翻页"转场效果设置为默认转场。

5.3.2　三维效果

"三维"转场效果是将第一镜头与第二镜头画面的通道信息生成一段全新画面内容后，将其应用至镜头之间的转场效果中。下面介绍"三维"转场效果的操作方法。

步骤 01 在 Premiere Pro CC 界面中，按【Ctrl + O】组合键，打开项目文件（素材\第 5 章\午后咖啡.prproj），如图 5-38 所示。

步骤 02 切换至"效果"面板，依次展开"视频过渡"|"特殊效果"选项，在其中选择"三维"视频过渡，将其拖曳至"时间轴"面板中，相应的两个素材文件之间，如图 5-39 所示。

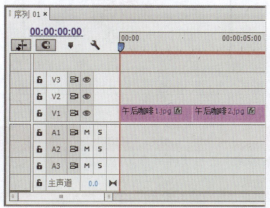

图 5-38　打开项目文件

图 5-39　添加转场效果

步骤 03 执行操作后，即可添加"三维"转场效果，在"节目监视器"面板中，单击"播放-停止切换"按钮，预览添加转场后的视频效果，如图 5-40 所示。

图 5-40　预览视频效果

5.3.3　向上折叠

"向上折叠"视频转场效果会在第一个镜头中出现类似"折纸"一样的折叠效果，并逐渐显示出第二个镜头的转场效果。下面介绍"向上折叠"转场效果的操作方法。

步骤 01 在 Premiere Pro CC 界面中，按【Ctrl + O】组合键，打开项目文件（素材\第 5 章\水果.prproj），如图 5-41 所示。

步骤 02 打开项目文件后，在"节目监视器"面板中可以查看素材画面，如图 5-42 所示。

图 5-41　打开项目文件

图 5-42　查看素材画面

▶ 专家指点

　　在 Premiere Pro CC 中，将视频过渡效果应用于素材文件的开始或者结尾处时，可以认为是在素材文件与黑屏之间应用视频过渡效果。

步骤 03　在"效果"面板中，依次展开"视频过渡" | "3D 运动"选项，在其中选择"向上折叠"视频过渡，如图 5-43 所示。

步骤 04　将"向上折叠"视频过渡拖曳至"时间轴"面板中的两个素材之间，如图 5-44 所示，释放鼠标即可添加视频过渡。

图 5-43　选择"向上折叠"视频过渡

图 5-44　拖曳视频过渡

步骤 05　在添加的视频过渡上单击鼠标右键，在弹出的快捷菜单中选择"设置过渡持续时间"选项，如图 5-45 所示。

步骤 06　在弹出的"设置过渡持续时间"对话框中，设置"持续时间"为 00:00:03:00，如图 5-46 所示。

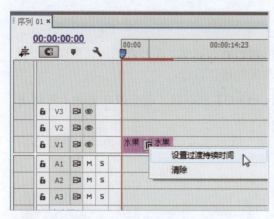

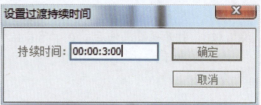

图 5-45　选择"设置过渡持续时间"选项　　　　图 5-46　"设置过渡持续时间"对话框

步骤 07　单击"确定"按钮，即可改变过渡持续时间，如图 5-47 所示。

步骤 08　执行上述操作后，即可设置"向上折叠"转场效果，如图 5-48 所示。

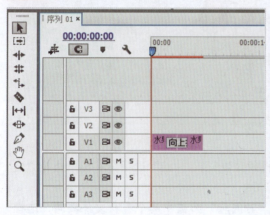

图 5-47　设置过渡持续时间　　　　　　　图 5-48　设置"向上折叠"转场效果

步骤 09　在"节目监视器"面板中，单击"播放-停止切换"按钮，预览视频效果，如图 5-49 所示。

图 5-49　预览视频效果

5.3.4 交叉伸展

"交叉伸展"转场效果是将第一个镜头的画面进行收缩，然后逐渐过渡至第二个镜头的转场效果。下面介绍"交叉伸展"转场效果的操作方法。

步骤 01 在 Premiere Pro CC 界面中，按【Ctrl + O】组合键，打开项目文件（素材\第5章\男孩.prproj），如图 5-50 所示。

步骤 02 打开项目文件后，在"节目监视器"面板中可以查看素材画面，如图 5-51 所示。

图 5-50　打开项目文件

图 5-51　查看素材画面

步骤 03 在"效果"面板中，依次展开"视频过渡"│"伸缩"选项，在其中选择"交叉伸展"视频过渡，如图 5-52 所示。

步骤 04 将"交叉伸展"视频过渡添加到"时间轴"面板中两个素材文件之间，选择"交叉伸展"视频过渡，如图 5-53 所示。

图 5-52　选择"交叉伸展"选项

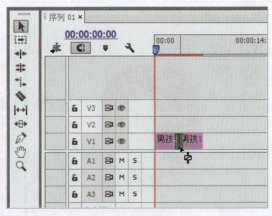

图 5-53　选择"交叉伸展"视频过渡

步骤 05 切换至"效果控件"面板，在效果缩略图右侧单击"自东向西"按钮，如图 5-54 所示，调整伸展的方向。

步骤 06 执行上述操作后，即可设置交叉伸展转场效果，如图 5-55 所示。

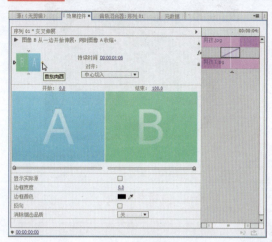

图 5-54　单击"自东向西"按钮　　　　图 5-55　设置"交叉伸展"转场效果

步骤 07 在"节目监视器"面板中，单击"播放-停止切换"按钮，预览视频效果，如图 5-56 所示。

图 5-56　预览视频效果

5.3.5　星形划像

"星形划像"转场效果是将第二个镜头的画面以星形方式扩张，然后逐渐取代第一个镜头的转场效果。下面介绍"星形划像"转场效果的操作方法。

步骤 01 在 Premiere Pro CC 界面中，按【Ctrl + O】组合键，打开项目文件（素材\第 5 章\春意盎然.prproj），如图 5-57 所示。

步骤 02 打开项目文件后，在"节目监视器"面板中可以查看素材画面，如图 5-58 所示。

步骤 03 在"效果"面板中，依次展开"视频过渡"|"划像"选项，在其中选择"星形划像"视频过渡，如图 5-59 所示。

步骤 04 将"星形划像"视频过渡添加到"时间轴"面板中相应的两个素材文件之间，选择"星形划像"视频过渡，如图 5-60 所示。

图 5-57　打开项目文件

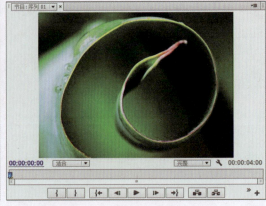

图 5-58　查看素材画面

图 5-59　选择"星形划像"视频过渡

图 5-60　选择"星形划像"视频过渡

步骤 05　切换至"效果控件"面板，设置"边框宽度"为 1.0，单击"中心切入"右侧的下拉按钮，在弹出的列表框中选择"起点切入"选项，如图 5-61 所示。

步骤 06　执行上述操作后，即可设置视频过渡效果的切入方式，在"效果控件"面板右侧的时间轴上可以看到视频过渡的切入起点，如图 5-62 所示。

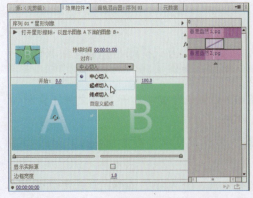

图 5-61　选择"起点切入"选项

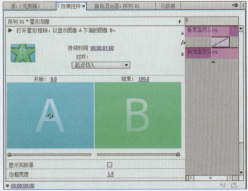

图 5-62　查看切入起点

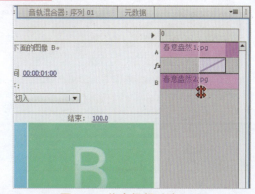

在"效果控件"面板的时间轴上，将鼠标移至效果图标右侧的视频过渡效果上，当鼠标指针呈带箭头的矩形形状时，单击鼠标左键并拖曳，可以自定义视频过渡的切入起点，如图 5-63 所示。

步骤 07　执行操作后，即可设置"星形划像"转场效果，如图 5-64 所示。

图 5-63　拖曳视频过渡　　　　图 5-64　设置"星形划像"转场效果

步骤 08　在"节目监视器"面板中，单击"播放-停止切换"按钮，预览视频效果，如图 5-65 所示。

图 5-65　预览视频效果

5.3.6　带状滑动

"带状滑动"转场效果是将第二个镜头的画面以长条带状的方式进入，逐渐取代第一个镜头的转场效果。下面介绍"带状滑动"转场效果的操作方法。

步骤 01　在 Premiere Pro CC 界面中，按【Ctrl + O】组合键，打开项目文件（素材\第5章\结婚特写.prproj），如图 5-66 所示。

步骤 02　打开项目文件后，在"节目监视器"面板中可以查看素材画面，如图 5-67 所示。

步骤 03　在"效果"面板中，依次展开"视频过渡"｜"滑动"选项，在其中选择"带状滑动"视频过渡，如图 5-68 所示。

步骤 04　将"带状滑动"视频过渡拖曳至"时间轴"面板中相应的两个素材文件之间，如图 5-69 所示。

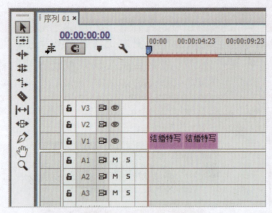

图 5-66　打开项目文件

图 5-67　查看素材画面

图 5-68　选择"带状滑动"视频过渡

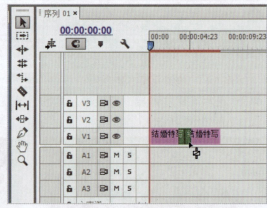

图 5-69　添加视频过渡

步骤 05　释放鼠标即可添加视频过渡效果，在"时间轴"面板中选择"带状滑动"视频过渡，如图 5-70 所示。

步骤 06　切换至"效果控件"面板，单击"自定义"按钮，如图 5-71 所示。

步骤 07　弹出"带状滑动设置"对话框，设置"带数量"为 12，如图 5-72 所示。

步骤 08　单击"确定"按钮，即可设置"带状滑动"视频过渡效果，如图 5-73 所示。

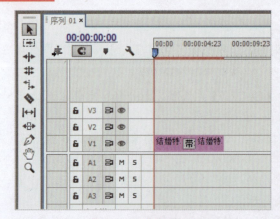

图 5-70　选择视频过渡

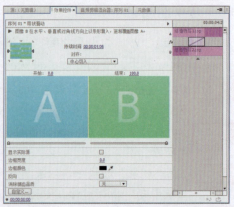

图 5-71　单击"自定义"按钮

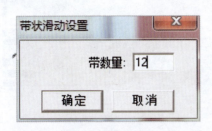

图 5-72　设置"带数量"为 12　　　　图 5-73　设置"带状滑动"视频过渡效果

步骤 09　在"节目监视器"面板中，单击"播放-停止切换"按钮，预览视频效果，如图 5-74 所示。

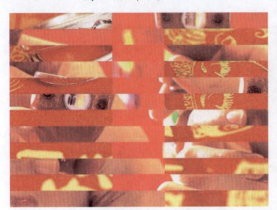

图 5-74　预览视频效果

5.3.7　缩放轨迹

"缩放轨迹"转场效果是将第一个镜头的画面向中心缩小，并显示缩小轨迹，逐渐过渡到第二个镜头的转场效果。下面介绍"缩放轨迹"转场效果的操作方法。

步骤 01　在 Premiere Pro CC 界面中，按【Ctrl＋O】组合键，打开项目文件（素材\第 5 章\城市美景.prproj），如图 5-75 所示。

步骤 02　打开项目文件后，在"节目监视器"面板中可以查看素材画面，如图 5-76 所示。

步骤 03　在"效果"面板中，依次展开"视频过渡"｜"缩放"选项，在其中选择"缩放轨迹"视频过渡，如图 5-77 所示。

步骤 04　将"缩放轨迹"视频过渡拖曳至"时间轴"面板中相应的两个素材文件之间，如图 5-78 所示。

图 5-75 打开项目文件

图 5-76 查看素材画面

图 5-77 选择"缩放轨迹"视频过渡

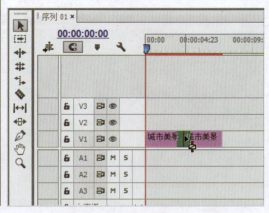

图 5-78 拖曳到"时间轴"面板中

步骤 05 释放鼠标即可添加视频过渡效果，在"时间轴"面板中选择"缩放轨迹"视频过渡，如图 5-79 所示。

步骤 06 切换至"效果控件"面板，单击"自定义"按钮，如图 5-80 所示。

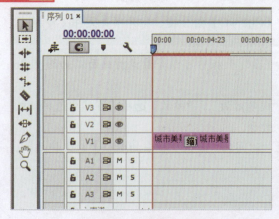

图 5-79 选择视频过渡

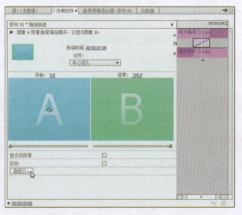

图 5-80 单击"自定义"按钮

步骤 **07**　弹出"缩放轨迹设置"对话框，设置"轨迹数量"为 16，如图 5-81 所示。

步骤 **08**　单击"确定"按钮，即可设置"缩放轨迹"视频过渡，如图 5-82 所示。

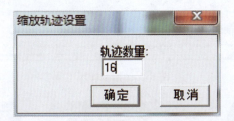

图 5-81　设置"轨迹数量"为 16　　　　图 5-82　设置"缩放轨迹"视频过渡

步骤 **09**　在"节目监视器"面板中，单击"播放-停止切换"按钮，预览视频效果，如
图 5-83 所示。

图 5-83　预览视频效果

5.3.8　中心剥落

　　"中心剥落"转场效果是以第一个镜头从中心分裂成 4 块并卷起而显示第二个镜头
的形式来实现转场效果。下面介绍"中心剥落"转场效果的操作方法。

步骤 **01**　在 Premiere Pro CC 界面中，按【Ctrl + O】组合键，打开项目文件（素材\第
5 章\动物世界.prproj），在"效果"面板的"页面剥落"列表框中选择"中
心剥落"选项，如图 5-84 所示。

步骤 **02**　单击鼠标左键将"中心剥落"视频过渡拖曳至"时间轴"面板中相应的两个
素材文件之间，如图 5-85 所示，设置时间为 00:00:03:00。

步骤 **03**　执行操作后，即可添加"中心剥落"转场效果，在"节目监视器"面板中，
单击"播放-停止切换"按钮，预览添加转场后的视频效果，如图 5-86 所示。

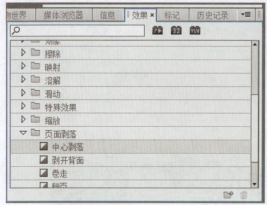

图 5-84　选择"中心剥落"选项

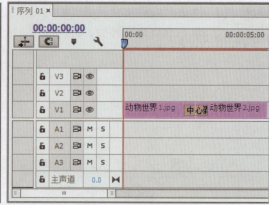

图 5-85　添加转场效果

图 5-86　预览视频效果

▶ **专家指点**

"页面剥落"列表框中的转场效果是指在一个镜头将要结束的时候，将其最后一系列的画面翻转，从而转接到一个镜头的一系列画面，它的主要作用是强调前后一系列画面的对比或者过渡。

5.3.9　抖动溶解

"抖动溶解"转场效果是在第一镜头画面中出现点状矩阵，最终第一镜头中的画面完全被替换为第二镜头的画面。下面介绍"抖动溶解"转场效果的操作方法。

步骤 01 在 Premiere Pro CC 界面中，按【Ctrl + O】组合键，打开项目文件（素材\第5章\黄金.prproj），如图 5-87 所示。

步骤 02 打开项目后，在"节目监视器"面板中可以查看素材画面，如图 5-88 所示。

步骤 03 在"效果"面板中，依次展开"视频过渡"｜"溶解"选项，在其中选择"抖动溶解"视频过渡，如图 5-89 所示。

步骤 04 将"抖动溶解"视频过渡拖曳至"时间轴"面板中相应的两个素材文件之间，如图 5-90 所示。

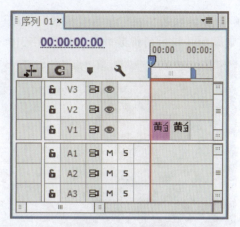

图 5-87　打开项目文件

图 5-88　查看素材画面

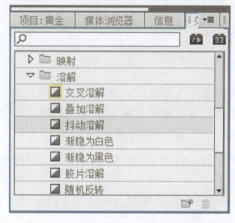

图 5-89　选择"抖动溶解"视频过渡

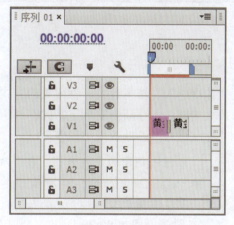

图 5-90　拖曳视频过渡

步骤 05　在添加的视频过渡上单击鼠标右键，在弹出的快捷菜单中选择"设置过渡持续时间"选项，如图 5-91 所示。

步骤 06　在弹出的"设置过渡持续时间"对话框中，设置"持续时间"为 00:00:09:00，如图 5-92 所示，单击"确定"按钮，设置过渡持续时间。

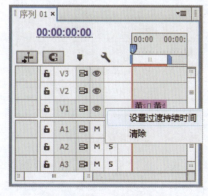

图 5-91　选择"设置过渡持续时间"选项

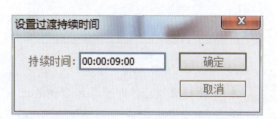

图 5-92　"设置过渡持续时间"对话框

步骤 **07**　执行操作后，即可添加"抖动溶解"转场效果，在"节目监视器"面板中，单击"播放-停止切换"按钮，预览添加转场后的视频效果，如图 5-93 所示。

图 5-93　预览视频效果

5.3.10　伸展进入

　　"伸展进入"转场效果一种覆盖的方式来完成转场效果的，在将第二个镜头画面被无限放大的同时，逐渐恢复到正常比例和透明度，最终覆盖在第一个镜头画面上。下面介绍"伸展进入"转场效果的操作方法。

步骤 **01**　以上一例中的素材为例，在"效果"面板的"伸缩"列表框中选择"伸展进入"选项，如图 5-94 所示。

步骤 **02**　将"伸展进入"视频过渡拖曳至"时间轴"面板中相应的两个素材文件之间，设置时间为 00:00:11:00，如图 5-95 所示。

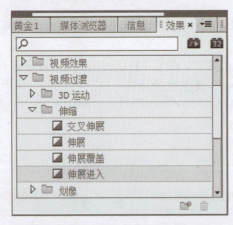
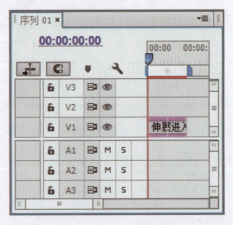

图 5-94　选择"伸展进入"选项　　　　图 5-95　添加转场效果

步骤 **03**　执行操作后，即可添加"伸展进入"转场效果，在"节目监视器"面板中，单击"播放-停止切换"按钮，预览添加转场后的视频效果，如图 5-96 所示。

图 5-96　预览视频效果

本章小结

　　本章详细讲解了在 Premiere Pro CC 中转场效果的基础知识、添加、编辑以及设置等内容，包括添加转场效果、替换和删除转场效果、设置转场时间、设置转场边框以及应用常用转场特效等。

　　通过学习本章，读者可以熟练掌握"视频过渡"面板中各个转场的作用，设置调整转场时长以及添加边框等操作技巧，除本章所讲内容外，Premiere Pro CC 中还有更多转场效果有待读者自行探索和发掘。学完本章，希望读者可以熟练掌握转场效果的使用方法，制作出更多漂亮的影视作品。

课后习题

　　鉴于本章知识的重要性，为了帮助读者更好地掌握所学知识，本节将通过上机习题，帮助读者巩固和强化前面所学内容，再次提升读者的应用能力。

　　本习题需要掌握制作"立方体旋转"转场效果的方法，效果如图 5-97 所示。

图 5-97　预览转场视频效果

第6章 制作精彩的视频特效

【本章导读】

　　随着数字时代的发展，添加影视效果这一复杂的工作已经得到了简化。在 Premiere Pro CC 强大的视频效果的帮助下，可以对视频、图像以及音频等多种素材进行处理和加工，从而得到令人满意的影视文件。本章将讲解 Premiere Pro CC 系统中提供的多种视频效果的添加与制作方法。

【本章重点】

➢ 添加单个视频效果

➢ 复制与粘贴视频效果

➢ 制作垂直翻转特效

➢ 制作高斯模糊特效

➢ 制作镜头光晕特效

➢ 制作彩色浮雕特效

6.1 添加与管理视频效果

　　Premiere Pro CC 根据视频效果的作用，将提供的 130 多种视频效果分为"变换""图像控制""实用程序""扭曲""时间""杂色与颗粒""模糊与锐化""生成""视频""调整""过渡""透视""通道""键控""颜色校正""风格化"等 16 个文件夹，放置在"效果"面板中的"视频效果"文件夹中，如图 6-1 所示。为了更好的应用这些绚丽的效果，用户需要掌握视频效果的操作方法。

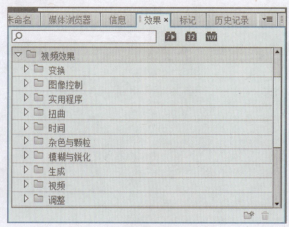

图 6-1 "视频效果"文件夹

6.1.1 添加单个视频效果

已添加视频效果的素材右侧的"不透明度"按钮 ⊠ 都会变成紫色 ⊠，以便于用户区分素材是否添加了视频效果，单击"不透明度"按钮 ⊠，即可在弹出的列表框中查看添加的视频效果，如图 6-2 所示。

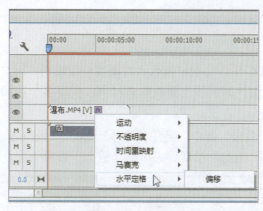

图 6-2 查看添加的视频效果

在 Premiere Pro CC 中，添加到"时间轴"面板的每个视频都会预先应用或内置固定效果。固定效果可控制剪辑的固有属性，可以在"效果控件"面板中调整所有的固定效果属性来激活它们。固定效果包括以下内容：

➢ **运动：** 包括多种属性，用于旋转和缩放视频，调整视频的防闪烁属性，或将这些视频与其他视频进行合成。

➢ **不透明度：** 允许降低视频的不透明度，用于实现叠加、淡化和溶解之类的效果。

➢ **时间重映射：** 允许针对视频的任何部分减速、加速或倒放或者将帧冻结。通过提供微调控制，使这些变化加速或减速。

➢ **音量：** 控制视频中的音频音量。

为素材添加视频效果之后，还可以在"效果控件"面板中展开相应的效果选项，为添加的特效设置参数，如图 6-3 所示。

在 Premiere Pro CC 的"效果控件"面板中，如果添加的效果右侧出现"设置"按钮 →⊟，单击该按钮可以弹出相应的对话框，可以根据需要运用对话框设置视频效果的参数，如图 6-4 所示。

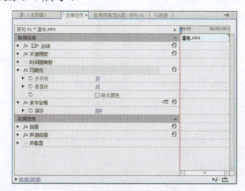

图 6-3 设置视频效果选项

图 6-4 运用对话框设置视频效果的参数

▶ 专家指点

Premiere Pro CC 在应用于视频的所有标准效果之后渲染固定效果，标准效果会按照从上往下出现的顺序渲染，可以在"效果控件"面板中将标准效果拖曳至新的位置来更改它们的顺序，但是不能重新排列固定效果的顺序。这些操作可能会影响到视频效果的最终效果。

6.1.2 添加多个视频效果

在 Premiere Pro CC 中，将素材拖入"时间线"面板后，用户可以将"效果"面板中的视频效果依次拖曳至"时间线"面板的素材中，实现多个视频效果的添加。下面介绍添加多个视频效果的操作方法。

执行"窗口"｜"效果"命令，展开"效果"面板，如图 6-5 所示。展开"视频效果"文件夹，为素材添加"扭曲"子文件夹中的"放大"视频效果，如图 6-6 所示。

图 6-5　"效果"面板　　　　　　　　图 6-6　"放大"特效

完成单个视频效果的添加后，可以在"效果控件"面板中查看到已添加的视频效果，如图 6-7 所示。接下来，继续拖曳其他视频效果来完成多视频效果的添加，执行操作后，"效果控件"面板中即可显示添加的其他视频效果，如图 6-8 所示。

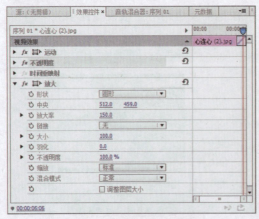

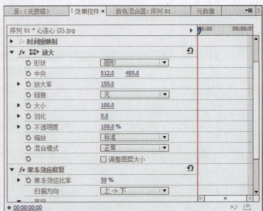

图 6-7　添加单个视频效果　　　　　　图 6-8　添加多个视频效果

6.1.3　复制与粘贴视频效果

使用"复制"功能可以对重复使用视频效果进行复制操作。用户在执行复制操作时，可以在"时间轴"面板中选择以添加视频效果的源素材，并在"效果控件"面板中，选择视频效果，单击鼠标右键，在弹出的快捷菜单中选择"复制"选项即可。下面介绍复制粘贴视频效果的操作步骤。

步骤 01 在 Premiere Pro CC 界面中，按【Ctrl + O】组合键，打开项目文件（素材\第6章\心心相印.prproj），如图 6-9 所示。

步骤 02 打开项目文件后，在"节目监视器"面板中可以查看素材画面，如图 6-10 所示。

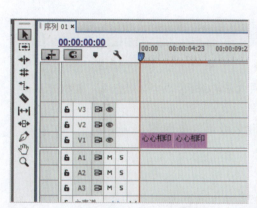

图 6-9　打开项目文件　　　　　　　　图 6-10　查看素材画面

步骤 03 在"效果"面板中，依次展开"视频效果"|"调整"选项，在其中选择 ProcAmp 视频效果，如图 6-11 所示。

步骤 04 将 ProcAmp 视频效果拖曳至"时间轴"面板中的"心心相印（1）"素材上，切换至"效果控件"面板，设置"亮度"为1.0、"对比度"为108.0、"饱和度"为155.0，在 ProcAmp 选项上单击鼠标右键，在弹出的快捷菜单中选择"复制"选项，如图 6-12 所示。

图 6-11　选择"黑白"视频效果　　　　图 6-12　选择"复制"选项

步骤 **05** 在"时间轴"面板中，选择"心心相印（2）"素材文件，如图 6-13 所示。

步骤 **06** 在"效果控件"面板中的空白位置处单击鼠标右键，在弹出的快捷菜单中选择"粘贴"选项，如图 6-14 所示。

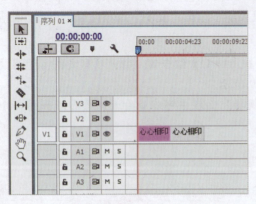

图 6-13 选择"心心相印（2）"素材文件

图 6-14 选择"粘贴"选项

步骤 **07** 执行上述操作后，即可将复制的视频效果粘贴到"心心相印 2"素材中，如图 6-15 所示。

步骤 **08** 单击"播放-停止切换"按钮，预览视频效果，如图 6-16 所示。

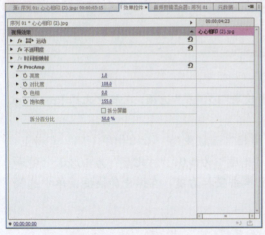

图 6-15 粘贴视频效果

图 6-16 预览视频效果

6.1.4 删除视频效果

用户在进行视频效果添加的过程中，如果对添加的视频效果不满意时，可以通过"清除"命令来删除效果。下面介绍通过"清除"命令删除效果的操作步骤。

步骤 **01** 在 Premiere Pro CC 界面中，按【Ctrl + O】组合键，打开项目文件（素材\第 6 章\广告创意.prproj），如图 6-17 所示。

步骤 **02** 打开项目文件，在"节目监视器"面板中可以查看素材画面，如图 6-18 所示。

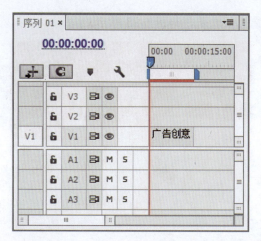

图 6-17　打开项目文件

图 6-18　查看素材画面

步骤 03　切换至"效果控件"面板，在"紊乱置换"选项上单击鼠标右键，在弹出的
快捷菜单中选择"清除"选项，如图 6-19 所示。

步骤 04　执行上述操作后，即可清除"紊乱置换"视频效果，选择"色调"选项，如
图 6-20 所示。

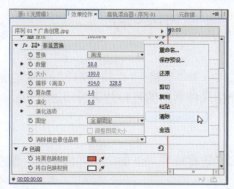

图 6-19　选择"清除"选项

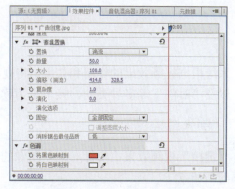

图 6-20　选择"色调"选项

步骤 05　在菜单栏中执行"编辑"|"清除"命令，如图 6-21 所示。

步骤 06　执行操作后，即可清除"色调"视频效果，如图 6-22 所示。

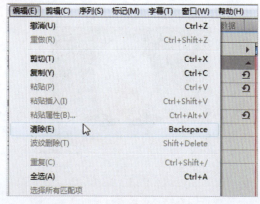

图 6-21　"清除"命令

图 6-22　清除"色调"视频效果

步骤 07　单击"播放-停止切换"按钮，预览视频效果，如图 6-23 所示。

图 6-23　删除视频效果后的前后对比效果

▶ 专家指点

除了上述方法可以删除视频效果外，还可以选中相应的视频效果后，按【Delete】键将其删除。

6.2　制作精彩视频画面特效

系统根据视频效果的作用和效果，将视频效果分为"变换""视频控制""实用""扭曲"以及"时间"等多种类别，接下来为读者介绍几种常用的视频效果的添加方法。

6.2.1　制作键控特效

"键控"视频效果主要针对视频图像的特定键进行处理。下面介绍"色度键"视频效果的添加方法。

步骤 01　在 Premiere Pro CC 界面中，按【Ctrl + O】组合键，打开项目文件（素材\第 6 章\破壳.prproj），如图 6-24 所示。

步骤 02　打开项目文件后，在"节目监视器"面板中可以查看素材画面，如图 6-25 所示。

图 6-24　打开项目文件　　　　　　　图 6-25　查看素材画面

步骤 03 在 "效果" 面板中, 依次展开 "视频效果" |"键控" 选项, 在其中选择 "色度键" 视频效果, 如图 6-26 所示。

步骤 04 将 "色度键" 特效拖曳至 "时间轴" 面板中的 "破壳 2" 素材文件上, 如图 6-27 所示。

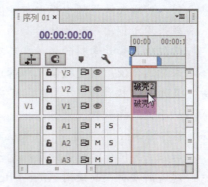

图 6-26 选择 "色度键" 视频效果   图 6-27 拖曳 "色度键" 视频效果

▶ **专家指点**

在 "键控" 文件夹中, 还可以设置以下选项。

➤ **轨道遮罩键效果:** 使用轨道遮罩键移动或更改透明区域。轨道遮罩键通过一个剪辑 (叠加的剪辑) 显示另一个剪辑 (背景剪辑), 此过程中使用第三个文件作为遮罩, 在叠加的剪辑中创建透明区域。此效果需要两个剪辑和一个遮罩, 每个剪辑位于自身的轨道上。遮罩中的白色区域在叠加的剪辑中是不透明的, 防止底层剪辑显示出来。遮罩中的黑色区域是透明的, 而灰色区域是部分透明的。

➤ **非红色键:** 非红色键效果基于绿色或蓝色背景创建透明度。此键类似于蓝屏键效果, 但是它还允许用户混合两个剪辑。此外, 非红色键效果有助于减少不透明对象边缘的边纹。在需要控制混合时, 或在蓝屏键效果无法产生满意结果时, 可使用非红色键效果来抠出绿色屏。

➤ **颜色键:** 颜色键效果抠出所有类似于指定的主要颜色的视频像素。此效果仅修改剪辑的 Alpha 通道。

➤ **无用信号遮罩效果:** 这三个 "无用信号遮罩效果" 有助于剪除镜头中的无关部分, 以便能够更有效地应用和调整关键效果。为了进行更详细的键控, 将以 4 个、8 个或 16 个调整点应用遮罩。应用效果后, 单击 "效果控件" 面板中的效果名称旁边的 "变换" 图标, 这样将会在节目监视器中显示无用信号遮罩手柄。要调整遮罩, 在节目监视器中拖动手柄, 或在 "效果控件" 面板中拖动控件。

➤ **Alpha 调整:** 需要更改固定效果的默认渲染顺序时, 可使用 "Alpha 调整" 效果代替不透明度效果。更改不透明度百分比可创建透明度级别。

➤ **RGB 差值键:** "RGB 差值键" 效果是色度键效果的简化版本。此效果允许选择目标颜色的范围, 但无法混合视频或调整灰色中的透明度。"RGB 差值键" 效果可用于不包含阴影的明亮场景, 或用于不需要微的粗剪。

➤ **亮度键:** "亮度键" 效果可以抠出图层中指定明亮度或亮度的所有区域。

➤ **图像遮罩键:** "图像遮罩键" 效果根据静止视频剪辑 (充当遮罩) 的明亮度值

抠出剪辑视频的区域。透明区域显示下方轨道上的剪辑产生的视频，可以指定项目中要充当遮罩的任何静止视频剪辑，不必位于序列中。要使用移动视频作为遮罩，改用轨道遮罩键效果。

➤ **差值遮罩：**"差值遮罩"效果创建透明度的方法是将源剪辑和差值剪辑进行比较，然后在源视频中抠出与差值视频中的位置和颜色均匹配的像素。通常，此效果用于抠出移动物体后面的静态背景，然后放在不同的背景上。差值剪辑通常仅仅是背景素材的帧（在移动物体进入场景之前）。鉴于此，"差值遮罩"效果最适合使用固定摄像机和静止背景拍摄的场景。

➤ **极致键：**"极致键"效果在具有支持的 NVIDIA 显卡的计算机上采用 GPU 加速，从而提高播放和渲染性能。

➤ **移除遮罩：**"移除遮罩"效果从某种颜色的剪辑中移除颜色边纹。将 Alpha 通道与独立文件中的填充纹理相结合时，此效果很有用。如果导入具有预乘 Alpha 通道的素材，或使用 After Effects 创建 Alpha 通道，则可能需要从视频中移除光晕。光晕源于视频的颜色和背景之间或遮罩与颜色之间较大的对比度，移除或更改遮罩的颜色可以移除光晕。

➤ **色度键：**"色度键"效果抠出所有类似于指定的主要颜色的视频像素。抠出剪辑中的颜色值时，该颜色或颜色范围将变得对整个剪辑透明。用户可通过调整容差级别来控制透明颜色的范围；也可以对透明区域的边缘进行羽化，以便创建透明和不透明区域之间的平滑过渡。

➤ **蓝屏键：**"蓝屏键"效果基于真色度的蓝色创建透明度区域。使用此键可在创建合成时抠出明亮的蓝屏。

步骤 05 在"效果控件"面板中，展开"色度键"选项，设置"颜色"为白色、"相似性"为 4.0%，如图 6-28 所示。

步骤 06 执行上述操作后，即可运用"键控"特效编辑素材，如图 6-29 所示。

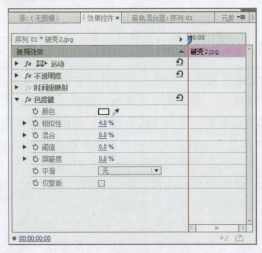

图 6-28 设置相应的选项

图 6-29 预览视频效果

步骤 07 单击"播放-停止切换"按钮，预览视频效果，如图 6-30 所示。

图 6-30　预览视频效果

- ➤ **颜色：** 设置要抠出的目标颜色。
- ➤ **相似性：** 扩大或减小将变得透明的目标颜色的范围。较高的值可增大范围。
- ➤ **混合：** 把要抠出的剪辑与底层剪辑进行混合。较高的值可混合更大比例的剪辑。
- ➤ **阈值：** 使阴影变暗或变亮。向右拖动可使阴影变暗，但不要拖曳至"阈值"滑块之外，这样做可反转灰色和透明像素。
- ➤ **屏蔽度：** 使对象与文档的边缘对齐。
- ➤ **平滑：** 指定 Premiere Pro 应用于透明和不透明区域之间边界的消除锯齿量。消除锯齿可混合像素，从而产生更柔化、更平滑的边缘。选择"无"即可产生锐化边缘，没有消除锯齿功能。需要保持锐化线条（如字幕中的线条）时，此选项很有用。选择"低"或"高"即可产生不同的平滑量。
- ➤ **仅蒙版：** 仅显示剪辑的 Alpha 通道。黑色表示透明区域，白色表示不透明区域，而灰色表示部分透明区域。

6.2.2　制作垂直翻转特效

"垂直翻转"视频效果用于将视频上下垂直反转。下面介绍添加"垂直翻转"效果的操作方法。

步骤 01 在 Premiere Pro CC 界面中，按【Ctrl + O】组合键，打开项目文件（素材\第 6 章\儿童服装.prproj），如图 6-31 所示。

步骤 02 打开项目文件，在"节目监视器"面板中可以查看素材画面，如图 6-32 所示。

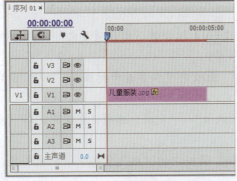

图 6-31　打开项目文件　　　　　　　图 6-32　查看素材画面

步骤 **03** 在"效果"面板中,依次展开"视频效果"│"变换"选项,在其中选择"垂直翻转"视频效果,如图 6-33 所示。

步骤 **04** 将"垂直翻转"特效拖曳至"时间轴"面板中的"儿童服装"素材文件上,如图 6-34 所示。

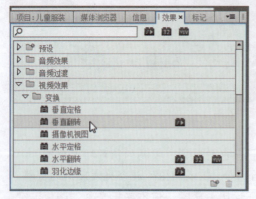

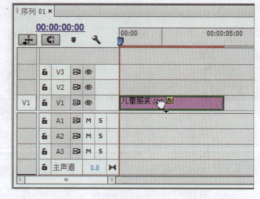

图 6-33 选择"垂直翻转"视频效果　　　图 6-34 拖曳"垂直翻转"效果

步骤 **05** 单击"播放-停止切换"按钮,预览视频效果,如图 6-35 所示。

图 6-35 预览视频效果

6.2.3 制作水平翻转特效

"水平翻转"视频效果用于将视频中的每一帧从左向右翻转。下面介绍添加"水平翻转"效果的操作方法。

步骤 **01** 在 Premiere Pro CC 界面中,按【Ctrl + O】组合键,打开项目文件(素材\第 6 章\放飞梦想.prproj),如图 6-36 所示。

步骤 **02** 打开项目文件后,在"节目监视器"面板中可以查看素材画面,如图 6-37 所示。

步骤 **03** 在"效果"面板中,依次展开"视频效果"│"变换"选项,在其中选择"水平翻转"视频效果,如图 6-38 所示。

步骤 **04** 将"水平翻转"特效拖曳至"时间轴"面板中的"放飞梦想"素材文件上,如图 6-39 所示。

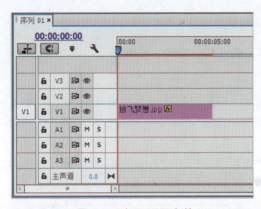

图 6-36　打开项目文件

图 6-37　查看素材画面

▶ 专家指点

　　在 Premiere Pro CC 中，"变换"列表框中的视频效果主要是使素材的形状产生二维或者三维的变化，其效果包括"垂直空格""垂直翻转""摄像机视图""水平翻转""水平翻转""羽化边缘"以及"裁剪"7 种视频效果。

图 6-38　选择"水平翻转"视频效果

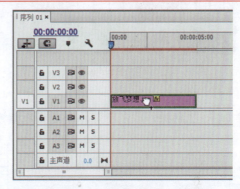

图 6-39　拖曳"水平翻转"效果

步骤 05　单击"播放-停止切换"按钮，预览视频效果，如图 6-40 所示。

图 6-40　预览视频效果

6.2.4　制作高斯模糊特效

　　"高斯模糊"视频效果用于修改明暗分界点的差值，以产生模糊效果。下面介绍"高斯模糊"视频效果的操作方法。

步骤 **01**　在 Premiere Pro CC 界面中，按【Ctrl＋O】组合键，打开项目文件（素材\第6章\信手涂鸦.prproj），如图 6-41 所示，在"效果"面板中，展开"视频效果"选项。

步骤 **02**　在"模糊与锐化"列表框中选择"高斯模糊"选项，如图 6-42 所示，并将其拖曳至 V1 轨道上。

图 6-41　打开项目文件　　　　　图 6-42　选择"高斯模糊"选项

步骤 **03**　展开"效果控件"面板，设置"模糊度"为 20.0，如图 6-43 所示。

步骤 **04**　执行操作后，即可添加"高斯模糊"视频效果，效果如图 6-44 所示。

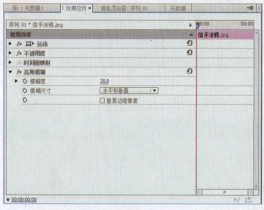

图 6-43　设置参数值　　　　　图 6-44　添加高斯模糊视频效果后的效果

6.2.5　制作镜头光晕特效

　　"镜头光晕"视频效果用于修改明暗分界点的差值，以产生模糊效果。下面介绍"镜头光晕"视频效果的操作方法。

步骤 **01**　在 Premiere Pro CC 界面中，按【Ctrl＋O】组合键，打开项目文件（素材\第6章\人鱼之恋.prproj），如图 6-45 所示，在"效果"面板中，展开"视频效果"选项。

步骤 **02** 在"生成"列表框中选择"镜头光晕"选项，如图 6-46 所示，将其拖曳至 V1 轨道上。

图 6-45　打开项目文件　　　　　　图 6-46　选择"镜头光晕"选项

步骤 **03** 展开"效果控件"面板，设置"光晕中心"为 600.0、500.0，"光晕亮度"为 136%，如图 6-47 所示。

步骤 **04** 执行上述操作后，即可添加"镜头光晕"视频效果，并预览视频效果，如图 6-48 所示。

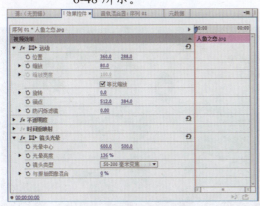

图 6-47　设置参数值　　　　　　图 6-48　预览视频效果

▶ **专家指点**

　　在 Premiere Pro CC 中，"生成"列表框中的视频效果主要用于在素材上创建具有特色的图形或渐变颜色，并可以与素材合成。

6.2.6　制作波形变形特效

　　"波形变形"视频效果用于使视频形成波浪式的变形效果。下面介绍添加波形扭曲效果的操作方法。

步骤 **01** 在 Premiere Pro CC 界面中，按【Ctrl + O】组合键，打开项目文件（素材\第 6 章\字母.prproj），如图 6-49 所示，在"效果"面板中，展开"视频效果"选项。

步骤 **02** 在"扭曲"列表框中选择"波形变形"选项，如图 6-50 所示，并将其拖曳至 V1 轨道上。

图 6-49 打开项目文件

图 6-50 选择"波形变形"选项

步骤 **03** 展开"效果控件"面板，设置"波形宽度"为 50，如图 6-51 所示。

步骤 **04** 执行操作后，即可添加"波形变形"视频效果，并预览其效果，如图 6-52 所示。

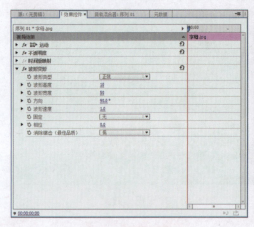

图 6-51 设置参数值

图 6-52 预览视频效果

6.2.7 制作纯色合成特效

"纯色合成"视频效果用于将一种颜色与视频混合。下面介绍添加"纯色合成"效果的操作方法。

步骤 **01** 在 Premiere Pro CC 界面中，按【Ctrl + O】组合键，打开项目文件（素材\第 6 章\彼岸花.prproj），如图 6-53 所示，在"效果"面板中，展开"视频效果"选项。

步骤 **02** 在"通道"列表框中选择"纯色合成"选项，如图 6-54 所示，并将其拖曳至 V1 轨道上。

图 6-53　打开项目文件　　　　　图 6-54　选择"纯色合成"选项

步骤 03　展开"效果控件"面板，依次单击"源不透明度"和"颜色"所对应的"切换动画"按钮，如图 6-55 所示。

步骤 04　设置时间为 00:00:03:00、"源不透明度"为 50.0%、"颜色"参数为 0、204、255，如图 6-56 所示。

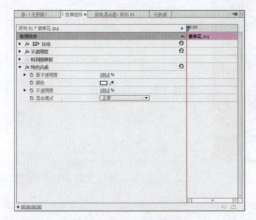

图 6-55　单击"切换动画"按钮　　　　　图 6-56　设置参数值

步骤 05　执行操作后，即可添加"纯色合成"效果，单击"播放-停止切换"按钮，即可查看视频效果，如图 6-57 所示。

图 6-57　查看视频效果

6.2.8　制作时间码特效

在 Premiere Pro CC 中，"时间码"效果可以在视频素材画面中添加一个时间码，常常运用在节目情节时间计时的情况下，表现出一种时间紧迫感。下面介绍"时间码"视频效果的制作方法。

步骤 01 在 Premiere Pro CC 界面中，按【Ctrl + O】组合键，打开目文件（素材\第 6 章\感恩教师节.prproj），如图 6-58 所示。

步骤 02 在"效果"面板中，展开"视频效果"选项，在"视频"列表框中选择"时间码"选项，如图 6-59 所示，将其拖曳至 V1 轨道上。

步骤 03 展开"效果控件"面板，设置"大小"为 16.0%、"不透明度"为 50.0%、"位移"为 287，如图 6-60 所示。

步骤 04 执行操作后，即可添加"时间码"视频效果，单击"播放-停止切换"按钮，即可查看视频效果，如图 6-61 所示。

图 6-58　打开项目文件　　　　　　　　图 6-59　选择"时间码"选项

图 6-60　设置参数值　　　　　　　　图 6-61　查看视频效果

6.2.9　制作闪光灯特效

"闪光灯"视频效果可以使视频产生一种周期性的频闪效果。下面介绍添加"闪光灯"视频效果的操作方法。

步骤 01 在 Premiere Pro CC 界面中，按【Ctrl + O】组合键，打开项目文件（素材\第6章\蛋糕.prproj），如图 6-62 所示，在"效果"面板中，展开"视频效果"选项。

步骤 02 在"风格化"列表框中选择"闪光灯"选项，如图 6-63 所示，将其拖曳至 V1 轨道上。

图 6-62　打开项目文件　　　　　　　　　图 6-63　选择"闪光灯"选项

步骤 03 展开"效果控件"面板，设置"闪光色"的 RGB 参数为 0、255、252，"与原始图像混合"为 80%，如图 6-64 所示。

步骤 04 执行操作后，即可添加"闪光灯"视频效果，单击"播放-停止切换"按钮，即可查看视频效果，如图 6-65 所示。

图 6-64　设置参数值　　　　　　　　　图 6-65　查看视频效果

6.2.10 制作彩色浮雕特效

"彩色浮雕"视频效果用于生成彩色的浮雕效果，视频中颜色对比越强烈，浮雕效果越明显。下面介绍"彩色浮雕"视频效果的制作方法。

步骤 **01**　在 Premiere Pro CC 界面中，按【Ctrl + O】组合键，打开项目文件（素材\第6章\鱼缸.prproj），如图 6-66 所示，在"效果"面板中，展开"视频效果"选项。

步骤 **02**　在"风格化"列表框中选择"彩色浮雕"选项，如图 6-67 所示，将其拖曳至 V1 轨道上。

图 6-66　打开项目文件　　　　　　　图 6-67　选择"彩色浮雕"选项

步骤 **03**　展开"效果控件"面板，设置"起伏"为 15.00，如图 6-68 所示。

步骤 **04**　执行操作后，即可添加"彩色浮雕"视频效果，视频效果如图 6-69 所示。

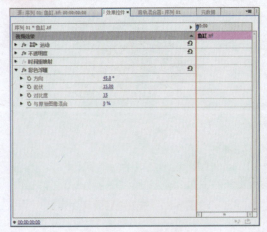

图 6-68　设置参数值　　　　　　　　图 6-69　预览视频效果

本章小结

　　本章详细讲解了在 Premiere Pro CC 中视频特效效果的添加、复制粘贴、删除、参数设置以及一些常用视频特效的制作方法等内容。添加不同的特效可以制作出各种不同的视觉效果，Premiere Pro CC 所提供的特效效果，根据其特性分配在了 16 个文件夹中，因此需要熟知每一种特效的作用及其所在的文件夹位置，才能将其合理应用到相应的素材文件中，制作出满意的影片。学完本章，读者可以熟练掌握视频特效的作用特点和使用方法，假以时日便能制作出精彩的影视文件。

课后习题

　　鉴于本章知识的重要性，为了帮助读者更好地掌握所学知识，本节将通过上机习题，帮助读者巩固和强化前面所学内容，再次提升读者的应用能力。

　　本习题需要掌握制作蒙尘与划痕特效的制作，效果如图 6-70 所示。

图 6-70　素材与效果

第7章　制作视频关键帧特效

【本章导读】

动态效果是指在原有的视频画面中合成或创建移动、变形和缩放等运动效果。在 Premiere Pro CC 中，读者可以在静态图像的基础上，为其添加关键帧，设置"位置""缩放""旋转""不透明度"以及"方向"等参数，使静态图像产生飞行、旋转等运动画面效果，使视频效果更加生动多姿。

【本章重点】

> 添加与设置运动关键帧
> 制作飞行运动特效
> 制作旋转降落特效
> 制作字幕漂浮特效
> 制作字幕立体旋转特效
> 制作视频画中画效果

7.1　添加与设置运动关键帧

在 Premiere Pro CC 中，关键帧可以帮助用户控制视频或音频特效的变化，并形成一个变化的过渡效果。

7.1.1　添加关键帧

在"效果控件"面板中除了可以添加各种视频和音频特效外，还可以通过设置选项参数的方法创建关键帧。下面介绍通过"效果控件"面板添加关键帧的操作方法。

步骤 01 在 Premiere Pro CC 界面中，按【Ctrl + O】组合键，打开项目文件（素材\第7章\真爱永恒.prproj），如图 7-1 所示。

步骤 02 选择"时间轴"面板中的素材，并展开"效果控件"面板，单击"旋转"选项左侧的"切换动画"按钮，如图 7-2 所示，即可添加一个关键帧。

步骤 03 拖曳时间指示器至合适位置，并设置"旋转"选项为30°，即可添加对应选项的关键帧，如图 7-3 所示。

步骤 04 执行上述操作后，即可在"节目监视器"面板中，查看制作效果，如图 7-4 所示。

图 7-1 打开项目文件

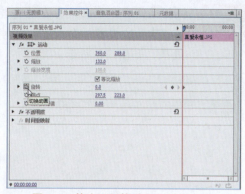

图 7-2 单击"切换动画"按钮

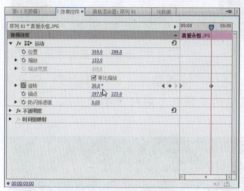

图 7-3 添加关键帧

图 7-4 查看效果

7.1.2 调整关键帧

添加完关键帧后，可以适当调整关键帧的位置和属性，这样可以使运动效果更加流畅。在 Premiere Pro CC 中，调整关键帧可以通过"时间轴"面板和"效果控件"面板两种方法来完成。下面介绍具体操作步骤。

步骤 01 在 Premiere Pro CC 界面中，按【Ctrl + O】组合键，打开项目文件（素材\第7章\加湿风扇.prproj），如图 7-5 所示。

步骤 02 切换至"效果控件"面板，在"效果控件"面板中，选择需要调整的关键帧，如图 7-6 所示。

图 7-5 打开项目文件

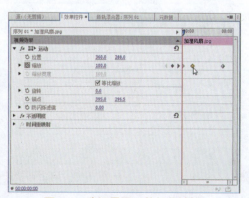

图 7-6 选择需要调整的关键帧

步骤 03 执行操作后，单击鼠标左键将其拖曳至合适位置即可，如图 7-7 所示。

步骤 04 在 "节目监视器" 面板中，将时间线移至关键帧位置处，可以查看素材画面效果，如图 7-8 所示。

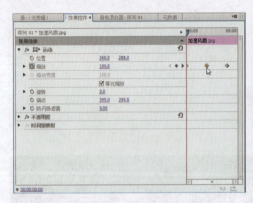

图 7-7　调整关键帧及其效果　　　　　　图 7-8　查看素材画面效果

步骤 05 在 "时间轴" 面板中调整关键帧时，不仅可以调整其位置，同时可以调整其参数的变化，当用户向下拖曳关键帧的参数线，则对应参数将减少，如图 7-9 所示。

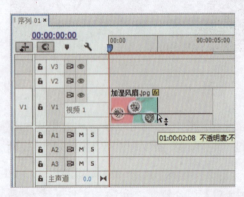

图 7-9　向下调整关键帧参数线及其效果

步骤 06 反之，向上拖曳关键帧的参数线，对应参数将增加，如图 7-10 所示。

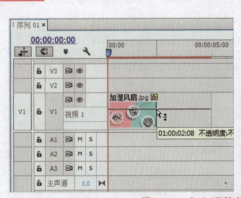

图 7-10　向上调整关键帧参数线及其效果

▶ 专家指点

在"时间轴"面板中，展开 V1 轨道，素材上关键帧的参数线默认状态为"不透明度"效果参数，用户可以在参数线上添加关键帧，通过拖曳关键帧可调整关键帧位置处的"不透明度"参数值。

7.1.3　复制和粘贴关键帧

当用户需要创建多个相同参数的关键帧时，可以使用复制与粘贴关键帧的方法快速添加关键帧。下面介绍复制粘贴关键帧的操作方法。

步骤 01　在 Premiere Pro CC 界面中，按【Ctrl + O】组合键，打开项目文件（素材\第 7 章\冬季雪景.prproj），如图 7-11 所示。

步骤 02　选择需要复制的关键帧后，单击鼠标右键，在弹出的快捷菜单中，选择"复制"选项，如图 7-12 所示。

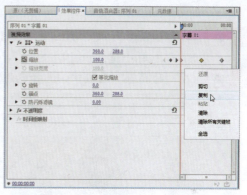

图 7-11　打开项目文件　　　　　　　　图 7-12　选择"复制"选项

步骤 03　接下来，拖曳"当前时间指示器"至 3 秒的位置，如图 7-13 所示。

步骤 04　在"效果控件"面板内单击鼠标右键，在弹出的快捷菜单中，选择"粘贴"选项，执行操作后，即可复制粘贴一个相同的关键帧，效果如图 7-14 所示。

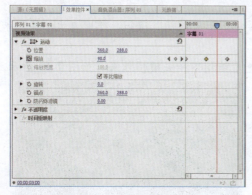

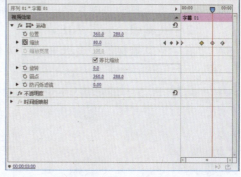

图 7-13　拖曳至 3 秒的位置　　　　　　　图 7-14　粘贴关键帧

步骤 05　在"节目监视器"面板中，单击"播放-停止切换"按钮，查看制作的效果，如图 7-15 所示。

图 7-15　查看效果

7.1.4　切换关键帧

在 Premiere Pro CC 中，用户可以在已添加的关键帧之间进行快速切换。下面介绍快速切换关键帧的操作方法。

步骤 01　在 Premiere Pro CC 界面中，按【Ctrl + O】组合键，打开项目文件（素材\第7章\枫林小道.prproj），如图 7-16 所示。

步骤 02　在"时间轴"面板中，选择已添加关键帧的素材，如图 7-17 所示。

图 7-16　打开项目文件　　　　图 7-17　选择已添加关键帧的素材

步骤 03　在"效果控件"面板中，单击"转到下一关键帧"按钮，即可快速切换至第2 个关键帧，如图 7-18 所示。

步骤 04　在"节目监视器"面板中，可以查看转到下一关键帧效果，如图 7-19 所示。

图 7-18　单击相应按钮　　　　图 7-19　查看转到下一关键帧效果

步骤 05　单击"转到上一关键帧"时，如图 7-20 所示，即可切换至第 1 个关键帧。

步骤 06　在"节目监视器"面板中，可以查看转到上一关键帧效果，如图 7-21 所示。

图 7-20　转到上一关键帧效果　　　　图 7-21　查看转到上一关键帧效果

7.1.5　删除关键帧

在 Premiere Pro CC 中，当对添加的关键帧不满意时，可以将其删除，并重新添加新的关键帧。

在删除关键帧时，可通过在"时间轴"面板选中要删除的关键帧，单击鼠标右键，在弹出的快捷菜单中选择"删除"选项，即可删除关键帧，如图 7-22 所示。当用户需要创建多个相同参数的关键帧时，便可使用复制与粘贴关键帧的方法快速添加关键帧。

如果需要删除素材中的所有关键帧，除了运用上述方法外，还可以直接单击"效果控件"面板中对应选项左侧的"切换动画"按钮，此时，系统将弹出信息提示框，如图 7-23 所示。单击"确定"按钮，即可清除素材中的所有关键帧。

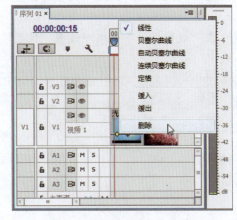
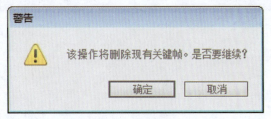

图 7-22　选择"删除"选项　　　　　　图 7-23　信息提示框

7.2　制作精彩的运动特效

通过对关键帧的学习，读者已经了解运动效果的基本原理了。在本节中可以从制作运动效果的一些基本操作开始学习，并逐渐熟练掌握各种运动特效的制作方法。

7.2.1　制作飞行运动特效

在制作运动特效的过程中，用户可以通过设置"位置"选项的参数得到一段镜头飞过的画面效果。下面介绍制作飞行运动特效的操作方法。

步骤 01 在 Premiere Pro CC 界面中，按【Ctrl + O】组合键，打开项目文件（素材\第7章\儿童照.prproj），如图 7-24 所示。

步骤 02 选择 V2 轨道上的素材文件，在"效果控件"面板中单击"位置"选项左侧的"切换动画"按钮，设置"位置"分别为 650.0 和 120.0、"缩放"为 25.0，如图 7-25 所示。

图 7-24　打开项目文件

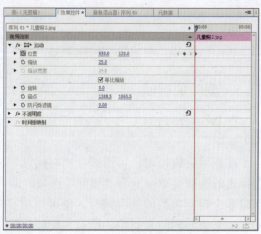

图 7-25　添加第 1 个关键帧

步骤 03 拖曳时间指示器至 00:00:02:00 的位置，在"效果控件"面板中设置"位置"分别为 155.0 和 370.0，如图 7-26 所示。

步骤 04 拖曳时间指示器至 00:00:04:00 的位置，在"效果控件"面板中设置"位置"分别为 600.0 和 770.0，如图 7-27 所示。

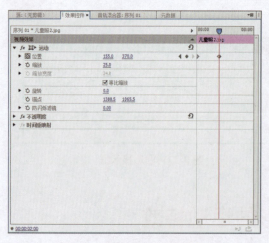

图 7-26　添加第 2 个关键帧

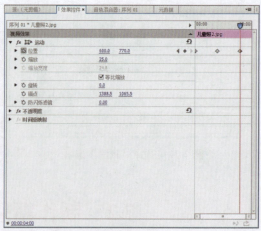

图 7-27　添加第 3 个关键帧

步骤 05　执行操作后，即可制作飞行运动效果，将时间线移至素材的开始位置，在"节目监视器"面板中，单击"播放-停止切换"按钮，即可预览飞行运动效果，如图 7-28 所示。

图 7-28　预览视频效果

▶ **专家指点**

　　在 Premiere Pro CC 中经常会看到在一些镜头画面的上面飞过其他的镜头，同时两个镜头的视频内容照常进行，这就是设置运动方向的效果。在 Premiere Pro CC 中，视频的运动方向设置可以在"效果控件"面板的"运动"特效中得到实现，而"运动"特效是视频素材自带的特效，不需要在"效果"面板中选择特效即可进行应用。

7.2.2　制作缩放运动特效

　　缩放运动效果是指对象以从小到大或从大到小的形式展现在观众的眼前。下面介绍制作缩放运动特效的操作方法。

步骤 01　在 Premiere Pro CC 界面中，按【Ctrl + O】组合键，打开项目文件（素材\第7章\饮料广告.prproj），如图 7-29 所示。

步骤 02　选择 V1 轨道上的素材文件，在"效果控件"面板中设置"缩放"为 53.0，如图 7-30 所示。

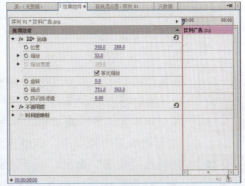

图 7-29　打开项目文件　　　　　　图 7-30　设置"缩放"参数

步骤 **03** 在"节目监视器"面板中可以查看素材画面，如图 7-31 所示。

步骤 **04** 选择 V2 轨道上的素材，在"效果控件"面板中，单击"位置""缩放"以及
"不透明度"选项左侧的"切换动画"按钮，设置"位置"分别为 360.0 和
288.0、"缩放"为 0.0、"不透明度"为 0.0%，添加第一组关键帧，如图 7-32
所示。

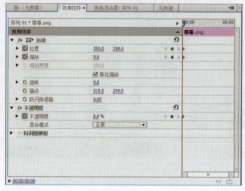

图 7-31　查看素材画面　　　　　　　　　图 7-32　添加第一组关键帧

步骤 **05** 拖曳时间指示器至 00:00:02:00 的位置，设置"缩放"为 80.0、"不透明度"
为 100.0%、添加第二组关键帧，如图 7-33 所示。

步骤 **06** 单击"位置"选项右侧的"添加/移除关键帧"按钮，如图 7-34 所示，即可
添加关键帧。

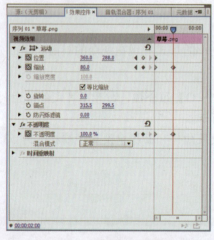
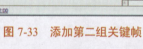
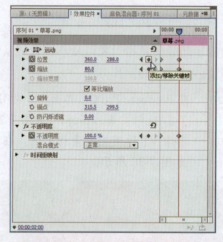

图 7-33　添加第二组关键帧　　　　　　图 7-34　单击"添加/移除关键帧"按钮

步骤 **07** 拖曳时间指示器至 00:00:04:10 的位置，选择"运动"选项，如图 7-35 所示。

步骤 **08** 执行操作后，在"节目监视器"面板中显示运动控件，如图 7-36 所示。

步骤 **09** 在"节目监视器"面板中，单击运动控件的中心并拖曳，调整素材位置，拖
曳素材四周的控制点，调整素材大小，如图 7-37 所示。

步骤 **10** 切换至"效果"面板，展开"视频效果"｜"透视"选项，使用鼠标左键双
击"投影"选项，如图 7-38 所示，即可为选择的素材添加投影效果。

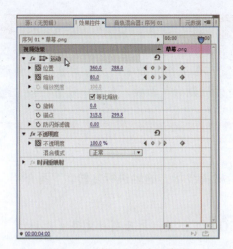

图 7-35　选择"运动"选项

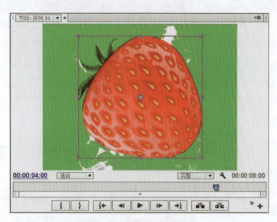

图 7-36　显示运动控件

图 7-37　调整素材

图 7-38　双击"投影"选项

步骤 11 在"效果控件"面板中展开"投影"选项，设置"距离"为 20.0、"柔和度"为 15.0，如图 7-39 所示。

步骤 12 单击"播放-停止切换"按钮，预览视频效果，如图 7-40 所示。

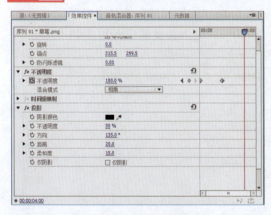

图 7-39　设置相应选项

图 7-40　预览视频效果

▶ 专家指点

在 Premiere Pro CC 中，缩放运动效果在影视节目中，运用得比较频繁，该效果不仅操作简单，而且制作的画面对比较强，表现力丰富。在工作界面中，为影片素材制作缩放运动效果后，如果对效果不满意，可以展开"特效控制台"面板，在其中设置相应"缩放"参数，即可改变缩放运动效果。

7.2.3 制作旋转降落特效

在 Premiere Pro CC 中，旋转运动效果可以将素材围绕指定的轴进行旋转。下面介绍制作旋转降落特效的操作方法。

步骤 01 在 Premiere Pro CC 界面中，按【Ctrl + O】组合键，打开项目文件（素材\第7章\小猪.prproj），如图 7-41 所示。

步骤 02 在"项目"面板中选择素材文件，分别添加到"时间轴"面板中的 V1 与 V2 轨道上，如图 7-42 所示。

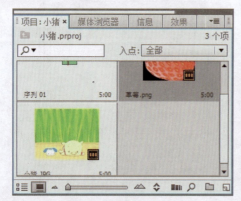

图 7-41 打开项目文件

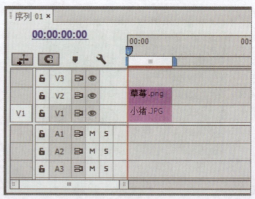

图 7-42 添加素材文件

步骤 03 选择 V2 轨道上的素材文件，切换至"效果控件"面板，设置"位置"分别为 360.0 和-30.0、"缩放"为 9.5；单击"位置"与"旋转"选项左侧的"切换动画"按钮，添加关键帧，如图 7-43 所示。

步骤 04 拖曳时间指示器至 00:00:00:13 的位置，在"效果控件"面板中设置"位置"分别为 360.0 和 50.0、"旋转"为-180.0°，添加关键帧，如图 7-44 所示。

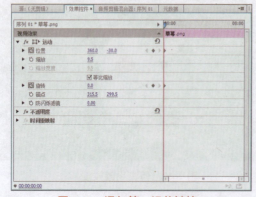

图 7-43 添加第一组关键帧

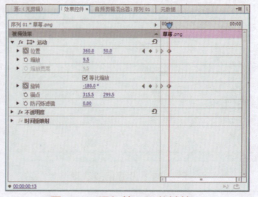

图 7-44 添加第二组关键帧

步骤 05　拖曳时间指示器至 00:00:03:00 的位置，在"效果控件"面板中设置"位置"分别为 467.0 和 357.0、"旋转"为 2.0°，添加关键帧，如图 7-45 所示。

步骤 06　单击"播放-停止切换"按钮，预览视频效果，如图 7-46 所示。

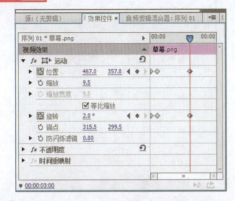

图 7-45　添加第三组关键帧　　　　　　　图 7-46　预览视频效果

▶ **专家指点**

在"效果控件"面板中，"旋转"选项是指以对象的轴心为基准，对对象进行旋转，用户可对对象进行任意角度的旋转。

7.2.4　制作镜头推拉特效

在视频节目中，制作镜头的推拉可以增加画面的视觉效果。下面介绍如何制作镜头的推拉效果。

步骤 01　在 Premiere Pro CC 界面中，按【Ctrl + O】组合键，打开项目文件（素材\第 7 章\爱的婚纱.prproj），如图 7-47 所示。

步骤 02　在"项目"面板中选择"爱的婚纱.jpg"素材文件，并将其添加到"时间轴"面板中的 V1 轨道上，如图 7-48 所示。

图 7-47　打开项目文件　　　　　　　　图 7-48　添加素材文件

步骤 03　选择 V1 轨道上的素材文件，在"效果控件"面板中设置"缩放"为 102.0，如图 7-49 所示。

步骤 04　将"爱的婚纱.png"素材文件添加到"时间轴"面板中的 V2 轨道上，如图 7-50 所示。

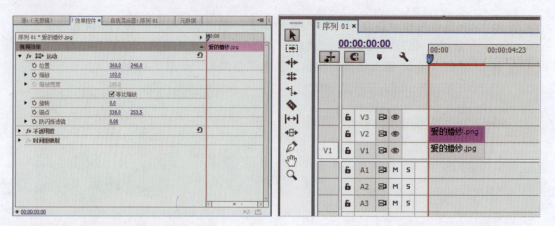

图 7-49　设置"缩放"参数　　　　　　　　　　　图 7-50　添加素材文件

步骤 **05**　选择 V2 轨道上的素材，在"效果控件"面板中单击"位置"与"缩放"选项左侧的"切换动画"按钮，设置"位置"分别为 110.0 和 90.0、"缩放"为 10.0，如图 7-51 所示。

步骤 **06**　拖曳时间指示器至 00:00:02:00 的位置，设置"位置"分别为 600.0 和 90.0、"缩放"为 25.0，如图 7-52 所示。

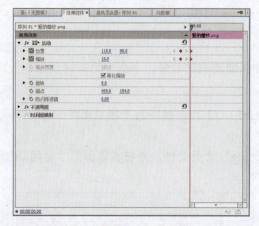

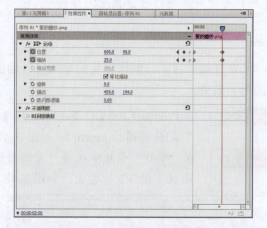

图 7-51　添加第一组关键帧　　　　　　　　　　图 7-52　添加第二组关键帧

步骤 **07**　拖曳时间指示器至 00:00:03:00 的位置，设置"位置"分别为 350.0 和 160.0、"缩放"为 30.0，如图 7-53 所示。

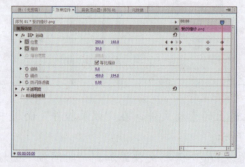

图 7-53　添加第三组关键帧

步骤 08　单击"播放-停止切换"按钮，预览视频效果，如图 7-54 所示。

图 7-54　预览视频效果

7.2.5　制作字幕漂浮特效

字幕漂浮效果主要是通过调整字幕的位置来制作运动效果，然后为字幕添加透明度效果来制作漂浮的效果。下面介绍具体操作步骤。

步骤 01　在 Premiere Pro CC 界面中，按【Ctrl + O】组合键，打开项目文件（素材\第 7 章\小清新.prproj），如图 7-55 所示。

步骤 02　在"项目"面板中选择"小清新.jpg"素材文件，并将其添加到"时间轴"面板中的 V1 轨道上，如图 7-56 所示。

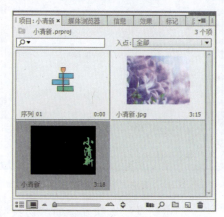

图 7-55　打开项目文件　　　　　　　图 7-56　添加素材文件

步骤 03　选择 V1 轨道上的素材文件，在"效果控件"面板中设置"缩放"为 77.0，如图 7-57 所示。

步骤 04　将"小清新"字幕文件添加到"时间轴"面板中的 V2 轨道上，调整素材的区间位置，如图 7-58 所示。

▶ 专家指点

在 Premiere Pro CC 中，字幕漂浮效果是指为文字添加波浪特效后，通过设置相关的参数，可以模拟水波流动效果。

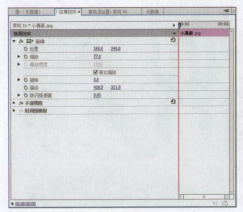

图 7-57　设置"缩放"为 77.0

图 7-58　添加字幕文件

步骤 05 在"时间轴"面板中添加素材后，在"节目监视器"面板中可以查看素材画面，如图 7-59 所示。

步骤 06 选择 V2 轨道上的素材，切换至"效果"面板，展开"视频效果"|"扭曲"选项，双击"波形变形"选项，如图 7-60 所示，即可为选择的素材添加波形变形效果。

图 7-59　查看素材画面

图 7-60　双击"波形变形"选项

步骤 07 在"效果控件"面板中，单击"位置"与"不透明度"选项左侧的"切换动画"按钮，设置"位置"分别为 150.0 和 250.0、"不透明度"为 50.0%，如图 7-61 所示。

步骤 08 拖曳时间指示器至 00:00:02:00 的位置，设置"位置"分别为 300.0 和 300.0、"不透明度"为 60.0%，如图 7-62 所示。

步骤 09 拖曳时间指示器至 00:00:03:00 的位置，设置"位置"分别为 450.0 和 250.0、"不透明度"为 100.0%，如图 7-63 所示。

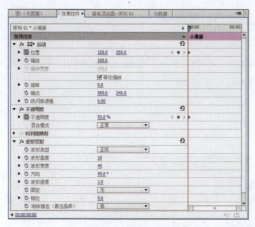

图 7-61　添加第一组关键帧

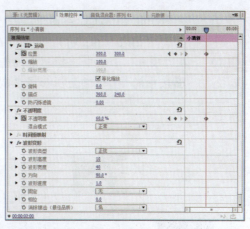

图 7-62　添加第二组关键帧

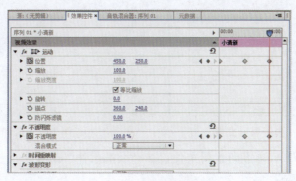

图 7-63　添加第三组关键帧

步骤 10　单击"播放-停止切换"按钮，预览视频效果，如图 7-64 所示。

图 7-64　预览视频效果

7.2.6　制作字幕逐字输出特效

在 Premiere Pro CC 中，用户可以通过"裁剪"特效制作字幕逐字输出效果。下面介绍制作字幕逐字输出效果的操作方法步骤 01　在 Premiere Pro CC 界面中，按【Ctrl + O】组合键，打开项目文件（素材\第7章\幸福恋人.prproj），如图 7-65 所示。

步骤 02　在"项目"面板中选择"幸福恋人.jpg"素材文件，并将其添加到"时间轴"面板中的 V1 轨道上，如图 7-66 所示。

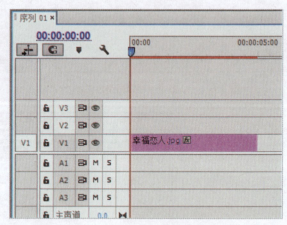

图 7-65　打开项目文件　　　　　　　　　　图 7-66　添加素材文件

步骤 03　选择 V1 轨道上的素材文件，在"效果控件"面板中设置"缩放"为 15.0，如图 7-67 所示。

步骤 04　将"幸福恋人"字幕文件添加到"时间轴"面板中的 V2 轨道上，按住【Shift】键的同时，选择两个素材文件，单击鼠标右键，在弹出的快捷菜单中选择"速度/持续时间"选项，如图 7-68 所示。

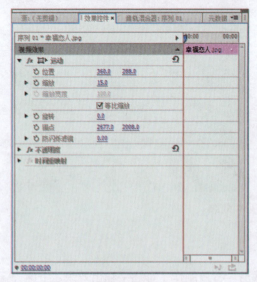

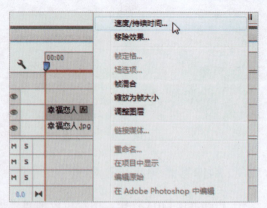

图 7-67　设置"缩放"参数　　　　　　　　图 7-68　选择"速度/持续时间"选项

步骤 05 在弹出的"剪辑速度/持续时间"对话框中设置"持续时间"为 00:00:05:10，如图 7-69 所示。

步骤 06 单击"确定"按钮，设置持续时间，在"时间轴"面板中选择 V2 轨道上的字幕文件，如图 7-70 所示。

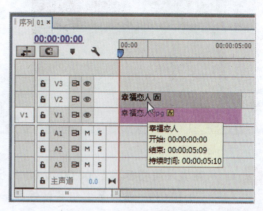

图 7-69　设置"持续时间"参数　　　　图 7-70　选择字幕文件

步骤 07 切换至"效果"面板，展开"视频效果"|"变换"选项，使用鼠标左键双击"裁剪"选项，如图 7-71 所示，即可为选择的素材添加裁剪效果。

步骤 08 在"效果控件"面板中展开"裁剪"选项，拖曳时间指示器至 00:00:00:12 的位置，单击"右侧"与"底对齐"选项左侧的"切换动画"按钮，设置"右侧"为 100.0%、"底对齐"为 81.0%，如图 7-72 所示。

图 7-71　双击"裁剪"选项　　　　图 7-72　设置相应选项

步骤 09 执行上述操作后，在"节目监视器"面板中可以查看素材画面，如图 7-73 所示。

步骤 10 拖曳时间指示器至 00:00:01:00 的位置，设置"右侧"为 65.0%、"底对齐"为 10.0%，添加第二组关键帧，如图 7-74 所示。

图 7-73 查看素材画面

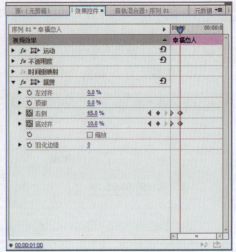

图 7-74 添加第二组关键帧

步骤 11 拖曳时间指示器至 00:00:02:00 的位置，设置"右侧"为 45.0%、"底对齐"为 10.0%，添加第三组关键帧，如图 7-75 所示。

步骤 12 拖曳时间指示器至 00:00:03:00 的位置，设置"右侧"为 30.0%、"底对齐"为 10.0%，添加第四组关键帧，如图 7-76 所示。

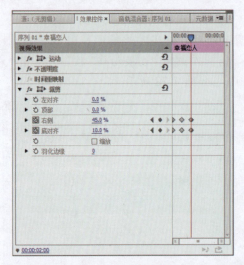

图 7-75 添加第三组关键帧

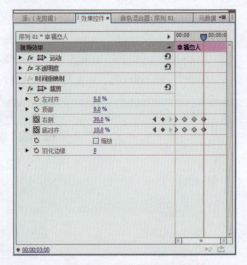

图 7-76 添加第四组关键帧

步骤 13 拖曳时间指示器至 00:00:04:00 的位置，设置"右侧"为 20.0%、"底对齐"为 10.0%，添加第五组关键帧，如图 7-77 所示。

步骤 14 拖曳时间指示器至 00:00:04:20 的位置，设置"右侧"为 0.0%、"底对齐"为 0.0%，添加第六组关键帧，如图 7-78 所示。

步骤 15 单击"播放-停止切换"按钮，预览视频效果，如图 7-79 所示。

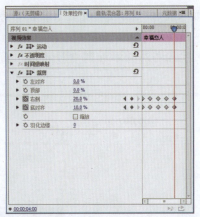

图 7-77 添加第五组关键帧

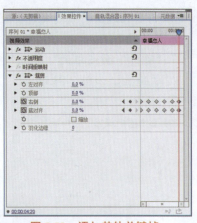

图 7-78 添加其他关键帧

图 7-79 预览视频效果

7.2.7 制作字幕立体旋转特效

在 Premiere Pro CC 中，用户可以通过"基本 3D"特效制作字幕立体旋转效果。下面介绍制作字幕立体旋转效果的操作方法。

步骤 01 在 Premiere Pro CC 界面中，按【Ctrl + O】组合键，打开项目文件（素材\第 7 章\美丽风景.prproj），如图 7-80 所示。

步骤 02 在"项目"面板中选择"美丽风景.jpg"素材文件，并将其添加到"时间轴"面板中的 V1 轨道上，如图 7-81 所示。

图 7-80 打开项目文件

图 7-81 添加素材文件

步骤 **03** 选择 V1 轨道上的素材文件，在"效果控件"面板中设置"缩放"为 80.0，如图 7-82 所示。

步骤 **04** 将"项目"面板中的"美丽风景"字幕文件，添加到"时间轴"面板中的 V2 轨道上，如图 7-83 所示。

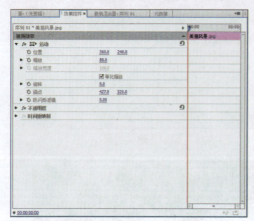

图 7-82　设置"缩放"参数

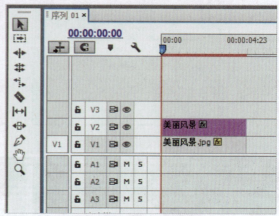

图 7-83　添加字幕文件

步骤 **05** 选择 V2 轨道上的素材，在"效果控件"面板中设置"位置"分别为 360.0 和 260.0，如图 7-84 所示。

步骤 **06** 切换至"效果"面板，展开"视频效果"|"透视"选项，用鼠标左键双击"基本 3D"选项，如图 7-85 所示，即可为选择的素材添加"基本 3D"效果。

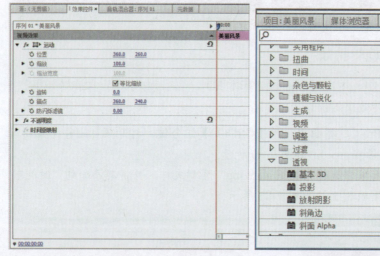

图 7-84　设置"位置"参数

图 7-85　双击"基本 3D"选项

步骤 **07** 拖曳时间指示器到时间轴的开始位置，在"效果控件"面板中展开"基本 3D"选项，单击"旋转""倾斜"以及"与图像的距离"选项左侧的"切换动画"按钮，设置"旋转"为 0.0°、"倾斜"为 0.0°、"与图像的距离"为 100.0，如图 7-86 所示。

步骤 **08** 拖曳时间指示器至 00:00:01:00 的位置，设置"旋转"为 1×0.0°、"倾斜"为 0.0°、"与图像的距离"为 200.0，如图 7-87 所示。

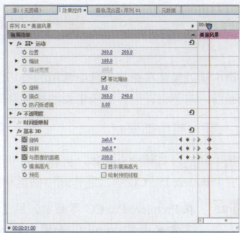

图 7-86　添加第一组关键帧　　　　　　图 7-87　添加第二组关键帧

步骤 09 拖曳时间指示器至 00:00:02:00 的位置，设置"旋转"为 1×0.0°、"倾斜"为 1×0.0°、"与图像的距离"为 100.0，如图 7-88 所示。

步骤 10 拖曳时间指示器至 00:00:03:00 的位置，设置"旋转"为 2×0.0°、"倾斜"为 2×0.0°、"与图像的距离"为 0.0，如图 7-89 所示。

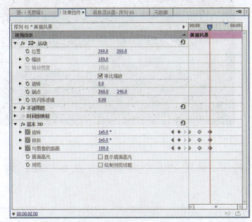

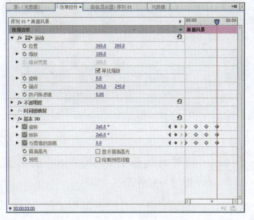

图 7-88　添加第二组关键帧　　　　　　图 7-89　添加第三组关键帧

步骤 11 单击"播放-停止切换"按钮，预览视频效果，如图 7-90 所示。

图 7-90　预览视频效果

7.3 制作视频画中画效果

画中画效果是在影视节目中常用的技巧之一，是利用数字技术，在同一屏幕上显示两个画面。本节将详细介绍画中画的相关基础知识以及制作方法，以供读者学习。

7.3.1 导入画中画素材

画中画是以高科技为载体，将普通的平面图像转化为层次分明，全景多变的精彩画面。在 Premiere Pro CC 中，制作画中画运动效果之前，首先需要导入影片素材。

步骤 01 在 Premiere Pro CC 界面中，按【Ctrl + O】组合键，打开项目文件（素材\第7章\米老鼠.prproj），如图 7-91 所示。

步骤 02 在"时间轴"面板上，将导入的素材分别添加至 V1 和 V2 轨道上，拖动控制条调整视图，如图 7-92 所示。

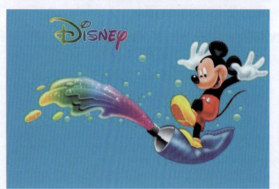

图 7-91 打开项目文件

步骤 03 将时间线移至 00:00:06:00 的位置，将 V2 轨道的素材向右拖曳至 6 秒处，如图 7-93 所示。

图 7-92 添加素材图像　　　　图 7-93 拖曳鼠标

7.3.2 制作画中画效果

在添加完素材后，用户可以继续对画中画素材设置运动效果，下面介绍如何设置画中画的特效属性。

步骤 01 以上一例中导入的项目为例，将时间线移至素材的开始位置，选择 V1 轨道上的素材，在"效果控件"面板中，单击"位置"和"缩放"左侧的"切换动画"按钮，添加一组关键帧，如图 7-94 所示。

步骤 02 选择 V2 轨道上的素材，设置"缩放"为 20.0，在"节目监视器"面板中，将选择的素材拖曳至面板左上角，单击"位置"和"缩放"左侧前的"切换动画"按钮，添加关键帧，如图 7-95 所示。

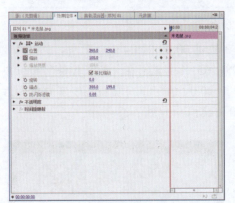

图 7-94　添加关键帧（1）　　　　　　图 7-95　添加关键帧（2）

步骤 03 将时间线移至 00:00:00:18 的位置，选择 V2 轨道中的素材，在"节目监视器"面板中沿水平方向向右拖曳素材，系统会自动添加一个关键帧，如图 7-96 所示。

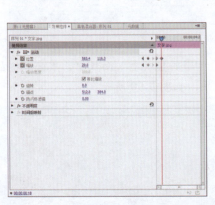

图 7-96　添加关键帧（3）

步骤 04 将时间线移至 00:00:01:00 的位置，选择 V2 轨道中的素材，在"节目监视器"面板中垂直向下方向拖曳素材，系统会自动添加一个关键帧，如图 7-92 所示。

图 7-97　添加关键帧（4）

步骤 05　将"米老鼠"素材图像添加至 V3 轨道 00:00:01:04 的位置中，选择 V3 轨道上的素材，将时间线移至 00:00:01:05 的位置，在"效果控件"面板中，展开"运动"选项，设置"缩放"为 40.0，在"节目监视器"窗口中向右上角拖曳素材，系统会自动添加一组关键帧，如图 7-98 所示。

图 7-98　添加关键帧（5）

步骤 06　执行操作后，即可制作画中画效果，在"节目监视器"面板中，单击"播放-停止切换"按钮，即可预览画中画效果，如图 7-99 所示。

图 7-99　预览画中画效果

本章小结

在 Premiere Pro CC 中，读者可以通过运动关键帧参数的设置、调节等，制作视频画面运动效果。

本章主要介绍了视频运动效果的制作方法，其中包括通过时间轴快速添加关键帧、通过效果控件添加关键帧、关键帧的调节、关键帧的复制和粘贴、关键帧的切换、飞行运动特效、缩放运动特效、旋转降落特效、镜头推拉特效、字幕漂浮特效、字幕逐字输出特效以及画中画特效的制作等操作方法。

学完本章内容，读者可以将关键帧的添加及参数等灵活应用，制作出令人惊叹的影视作品，为观众带来不一样的视觉效果。

课后习题

鉴于本章知识的重要性，为了帮助读者更好地掌握所学知识，本节将通过上机习题，帮助读者巩固和强化前面所学内容，再次提升读者的应用能力。

本习题需要掌握在"时间轴"面板中的轨道上添加关键帧的方法，效果如图 7-100 所示。

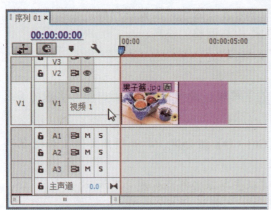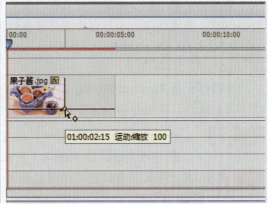

图 7-100　在"时间轴"面板中添加关键帧

第 8 章 制作标题字幕特效

【本章导读】

各种影视画面中，字幕是不可缺少的一个重要组成部分，起着解释画面、补充内容的作用，有画龙点睛之效。Premiere Pro CC 不仅可以制作静态的字幕，也可以制作动态的字幕效果。本章将详细介绍编辑与设置影视字幕的操作方法。

【本章重点】

➢ 设置标题字幕的属性
➢ 设置字幕的填充效果
➢ 制作精彩的字幕效果

8.1 设置标题字幕的属性

为了让字幕的整体效果更加具有吸引力和感染力，因此，需要用户对字幕属性进行精心调整才能够获得。本节将介绍字幕属性的作用与调整的技巧。

8.1.1 设置字幕样式

字幕样式是 Premiere Pro CC 为用户预设的字幕属性设置方案，让用户能够快速的设置字幕的属性。下面介绍设置字幕样式的操作方法。

步骤 01 在 Premiere Pro CC 界面中，按【Ctrl + O】组合键，打开项目文件（素材\第8章\蛋糕.prproj），如图 8-1 所示。

步骤 02 在"项目"面板上，使用鼠标左键双击字幕文件，如图 8-2 所示。

图 8-1 打开项目文件

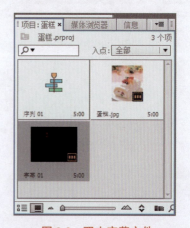

图 8-2 双击字幕文件

步骤 **03** 打开字幕编辑窗口，然后在"字幕样式"面板中，选择相应的字幕样式，如图 8-3 所示。

步骤 **04** 执行操作后，即可应用字幕样式，其图像效果如图 8-4 所示。

图 8-3　选择合适的字幕样式

图 8-4　应用字幕样式后的效果

8.1.2　变换字幕特效

在 Premiere Pro CC 中，设置字幕变换效果可以对文本或图形的透明度和位置等参数进行设置。下面介绍变换字幕特效的操作方法。

步骤 **01** 在 Premiere Pro CC 界面中，按【Ctrl + O】组合键，打开项目文件（素材\第8 章\节日.prproj），如图 8-5 所示。

步骤 **02** 在"时间轴"面板的 V2 轨道中，使用鼠标左键双击字幕文件，如图 8-6 所示。

图 8-5　打开项目文件

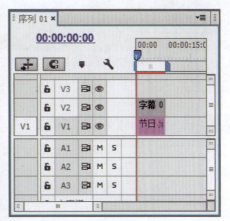

图 8-6　双击字幕文件

步骤 **03** 打开字幕编辑窗口，在"变换"选项区中，设置"X 位置"为 524.0、"Y 位置"为 85.9，如图 8-7 所示。

步骤 **04** 执行操作后，即可设置变换效果，其图像效果如图 8-8 所示。

图 8-7　设置参数值　　　　　图 8-8　设置变换后的效果

8.1.3　设置字幕间距

　　字幕间距主要是指文字之间的间隔距离。下面介绍在 Premiere Pro CC 字幕窗口中，设置字幕间距的操作方法。

步骤 **01**　在 Premiere Pro CC 界面中，按【Ctrl + O】组合键，打开项目文件（素材\第8章\童话.prproj），如图 8-9 所示。

步骤 **02**　在"时间轴"面板中的 V2 轨道中，使用鼠标左键选择并双击字幕文件，如图 8-10 所示。

图 8-9　打开项目文件

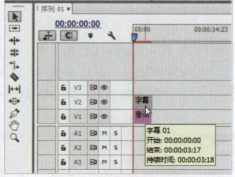

图 8-10　双击字幕文件

步骤 **03**　打开字幕编辑窗口，在"属性"选项区中设置"字符间距"为 20.0，如图 8-11 所示。

步骤 **04**　执行操作后，即可修改字幕的间距，效果如图 8-12 所示。

图 8-11　设置参数值

图 8-12　视频效果

8.1.4　设置字体属性

在"属性"选项区中，可以重新设置字幕的字体。下面将介绍设置字体属性的操作方法。

步骤 01　在 Premiere Pro CC 界面中，按【Ctrl + O】组合键，打开项目文件（素材\第 8 章\烟花璀璨.prproj），如图 8-13 所示。

步骤 02　在"项目"面板上，使用鼠标左键双击字幕文件，如图 8-14 所示。

图 8-13　打开项目文件

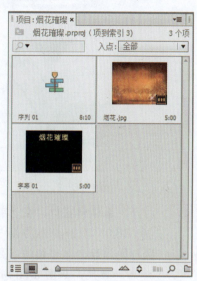

图 8-14　双击字幕文件

步骤 03　打开字幕编辑窗口，在"属性"选项区中，设置"字体系列"为"方正水柱简体"，"字体大小"为 110.0，如图 8-15 所示。

步骤 04　执行操作后，即可设置字体属性，效果如图 8-16 所示。

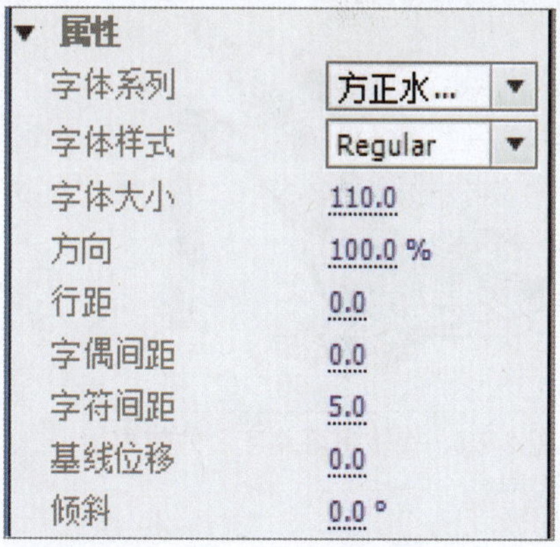

图 8-15　设置各参数

图 8-16　设置字体属性后的效果

8.1.5　旋转字幕角度

在 Premiere Pro CC 中，创建字幕对象后，可以将创建的字幕进行旋转操作，以得到更好的字幕效果。下面介绍旋转字幕角度的操作方法。

步骤 **01** 在 Premiere Pro CC 界面中，按【Ctrl＋O】组合键，打开项目文件（素材\第8章\闪亮.prproj），如图 8-17 所示。

步骤 **02** 在"项目"面板上，使用鼠标左键双击字幕文件，如图 8-18 所示。

图 8-17　打开项目文件

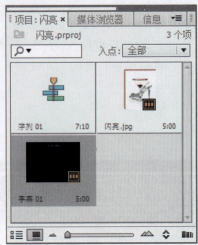

图 8-18　双击字幕文件

步骤 **03** 打开字幕编辑窗口，在"字幕属性"面板的"变换"选项区中，设置"旋转"为 330.0°，如图 8-19 所示。

步骤 **04** 执行操作后，即可旋转字幕角度，在"节目监视器"面板中预览旋转字幕角度后的效果，如图 8-20 所示。

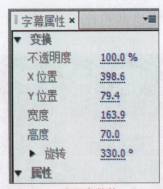

图 8-19　设置参数值

图 8-20　旋转字幕角度后的效果

8.1.6　设置字幕大小

如果字幕中的字体小，可以对其进行设置。下面介绍设置字幕大小的操作方法。

步骤 **01** 在 Premiere Pro CC 界面中，按【Ctrl＋O】组合键，打开项目文件（素材\第8章\春语.prproj），如图 8-21 所示。

步骤 **02** 在"项目"面板上，使用鼠标左键双击字幕文件，如图 8-22 所示。

图 8-21　打开项目文件　　　　　图 8-22　双击字幕文件

步骤 03　打开字幕编辑窗口，在"字幕属性"面板中，设置"字体大小"为 120.0，如图 8-23 所示。

步骤 04　执行操作后，即可设置字幕大小，在"节目监视器"面板中预览设置字幕大小后的效果，如图 8-24 所示。

图 8-23　设置参数值　　　　　图 8-24　预览图像效果

8.2　设置字幕的填充效果

"填充"属性中除了可以为字幕添加"实色填充"外，还可以添加"线性渐变填充""放射性渐变""四色渐变"等复杂的色彩渐变填充效果，同时还提供了"光泽"与"纹理"字幕填充效果。本节将详细介绍设置字幕填充效果的操作方法。

8.2.1　设置实色填充

"实色填充"是指在字体内填充一种单独的颜色。下面将介绍设置实色填充的操作方法。

步骤 01　在 Premiere Pro CC 界面中，按【Ctrl + O】组合键，打开项目文件（素材\第 8 章\沙滩爱情.prproj），如图 8-25 所示。

步骤 **02** 打开项目文件后，在"节目监视器"面板中可以查看素材画面，如图 8-26 所示。

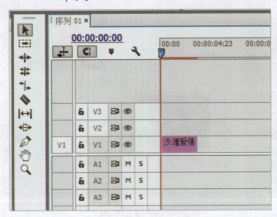

图 8-25 打开项目文件　　　　　　　图 8-26 查看素材画面

步骤 **03** 执行"字幕"｜"新建字幕"｜"默认静态字幕"命令，如图 8-27 所示。

步骤 **04** 在弹出的"新建字幕"对话框中输入字幕的名称，单击"确定"按钮，如图 8-28 所示。

图 8-27 单击"默认静态字幕"命令　　　图 8-28 单击"确定"按钮

步骤 **05** 打开字幕编辑窗口，选择文字工具 [T]，在绘图区中的合适位置单击鼠标左键，显示闪烁的光标，如图 8-29 所示。

步骤 **06** 输入文字"沙滩爱情"，选择输入的文字，如图 8-30 所示。

图 8-29 显示闪烁的光标　　　　　　图 8-30 选择输入的文字

▶ 专家指点

在字幕编辑窗口中输入汉字时，有时会由于使用的字体样式不支持该文字，导致输入的汉字无法显示，此时可以选择输入的文字，将字体样式设置为常用的汉字字体，即可解决该问题。

步骤 07 展开"属性"选项，单击"字体系列"右侧的下拉按钮，在弹出的列表框中选择"黑体"选项，如图 8-31 所示。

步骤 08 执行操作后，即可调整字幕的字体样式，设置"字体大小"为 50.0，选中"填充"复选框，单击"颜色"选项右侧的色块，如图 8-32 所示。

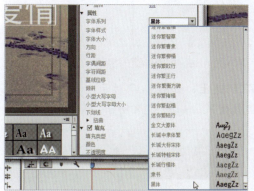

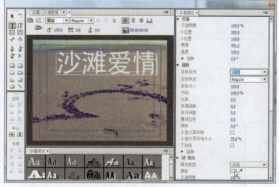

图 8-31 选择"黑体"选项   图 8-32 单击相应的色块

步骤 09 在弹出的"拾色器"对话框中，设置颜色为黄色（RGB 参数值分别为 254、254、0），如图 8-33 所示。

步骤 10 单击"确定"按钮，在工作区中显示字幕效果，如图 8-34 所示。

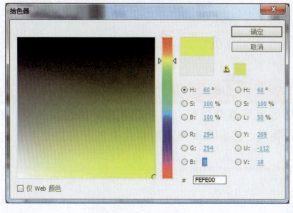

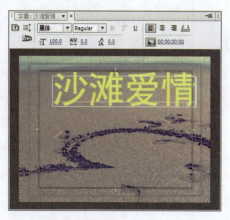

图 8-33 设置颜色   图 8-34 显示字幕效果

步骤 11 关闭字幕编辑窗口，此时可以在"项目"面板中查看创建的字幕，如图 8-35 所示。

步骤 12 在字幕文件上，单击鼠标左键并拖曳至"时间轴"面板 V2 轨道中，如图 8-36 所示。

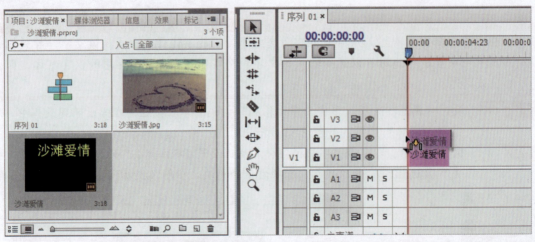

图 8-35　查看创建的字幕　　　　　　图 8-36　拖曳创建的字幕

步骤 **13**　释放鼠标，即可将字幕文件添加到 V2 轨道上，如图 8-37 所示。

步骤 **14**　单击"播放-停止切换"按钮，预览视频效果，如图 8-38 所示。

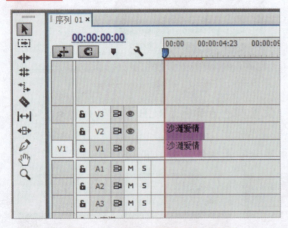
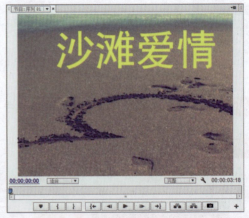

图 8-37　添加字幕文件到 V2 轨道　　　　　图 8-38　预览视频效果

▶ **专家指点**

　　Premiere Pro CC 软件会以从上至下的顺序渲染视频，如果将字幕文件添加到 V1 轨道，将影片素材文件添加到 V2 及以上的轨道，将会导致渲染的影片素材遮挡住了字幕文件，导致无法显示字幕。

8.2.2　设置渐变填充

　　渐变填充是指从一种颜色逐渐向另一种颜色过度的一种填充方式。下面将介绍设置渐变填充的操作方法。

步骤 **01**　在 Premiere Pro CC 界面中，按【Ctrl + O】组合键，打开目文件（素材\第 8 章\生活的味道.prproj），如图 8-39 所示。

步骤 **02**　打开项目文件后，在"节目监视器"面板中可以查看素材画面，如图 8-40 所示。

图 8-39　打开项目文件

图 8-40　查看素材画面

步骤 03 执行"字幕"｜"新建字幕"｜"默认静态字幕"命令，在弹出的"新建字幕"对话框中设置"名称"为"字幕 01"，如图 8-41 所示。

步骤 04 单击"确定"按钮，打开字幕编辑窗口，选择文字工具，如图 8-42 所示。

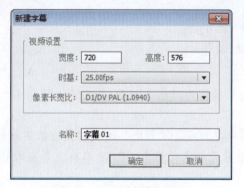

图 8-41　输入字幕名称

图 8-42　选择垂直文字工具

步骤 05 在工作区中输入文字"生活的味道"，选择输入的文字，如图 8-43 所示。

步骤 06 展开"变换"选项，设置"X 位置"为 223.5、"Y 位置"为 96.8；展开"属性"选项，设置"字体系列"为"迷你简黄草"，"字体大小"为 80.0，如图 8-44 所示。

图 8-43　选择输入的文字

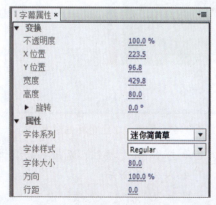

图 8-44　设置相应的选项

步骤 07 选中"填充"复选框，单击"实底"选项右侧的下拉按钮，在弹出的列表框中选择"径向渐变"选项，如图 8-45 所示。

步骤 08 显示"径向渐变"选项，使用鼠标左键双击"颜色"选项右侧的第 1 个色标，如图 8-46 所示。

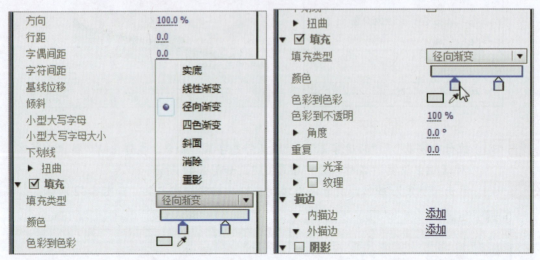

图 8-45 选择"径向渐变"选项　　　　　　图 8-46 双击第 1 个色标

步骤 09 在弹出的"拾色器"对话框中，设置颜色为绿色（RGB 参数值分别为 18、151、0），如图 8-47 所示。

步骤 10 单击"确定"按钮，返回字幕编辑窗口，双击"颜色"选项右侧的第 2 个色标，在弹出的"拾色器"对话框中设置颜色为蓝色（RGB 参数值分别为 0、88、162），如图 8-48 所示。

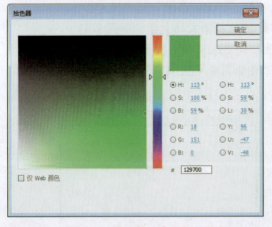

图 8-47 设置第 1 个色标的颜色　　　　　　图 8-48 设置第 2 个色标的颜色

步骤 11 单击"确定"按钮，返回字幕编辑窗口，单击"外描边"选项右侧的"添加"，如图 8-49 所示。

步骤 12 显示"外描边"选项，设置"大小"为 5.0，如图 8-50 所示。

步骤 13 执行上述操作后，在工作区中显示字幕效果，如图 8-51 所示。

步骤 **14** 关闭字幕编辑窗口，此时可以在"项目"面板中查看创建的字幕，如图 8-52
所示。

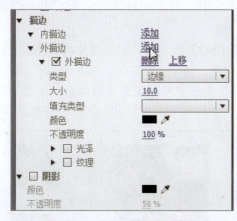

图 8-49　单击"添加"链接

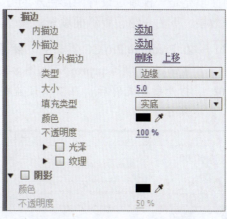

图 8-50　设置"大小"参数

图 8-51　显示字幕效果

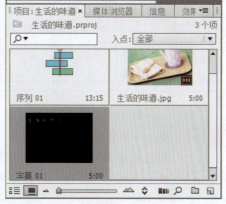

图 8-52　查看创建的字幕

步骤 **15** 在"项目"面板中选择字幕文件，将其添加到"时间轴"面板 V2 轨道上，
如图 8-53 所示。

步骤 **16** 单击"播放-停止切换"按钮，预览视频效果，如图 8-54 所示。

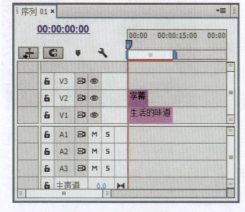

图 8-53　添加字幕文件

图 8-54　预览视频效果

8.2.3　设置斜面填充

斜面填充是一种通过设置阴影色彩的方式，模拟一种中间较亮、边缘较暗的三维浮雕填充效果。下面介绍设置斜面填充的操作方法。

步骤 01　在 Premiere Pro CC 界面中，按【Ctrl + O】组合键，打开项目文件（素材\第8章\影视频道.prproj），如图 8-55 所示。

步骤 02　打开项目文件后，在"节目监视器"面板中可以查看素材画面，如图 8-56 所示。

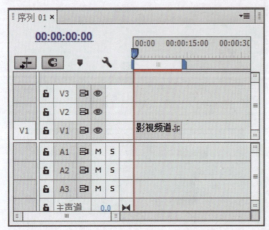

图 8-55　打开项目文件　　　　　　　图 8-56　查看素材画面

步骤 03　执行"字幕"｜"新建字幕"｜"默认静态字幕"命令，在弹出的"新建字幕"对话框中设置"名称"为"影视频道"，如图 8-57 所示。

步骤 04　单击"确定"按钮，打开字幕编辑窗口，选择文字工具，如图 8-58 所示。

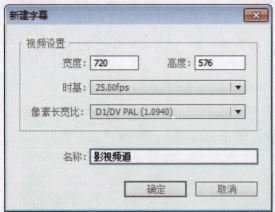

图 8-57　输入字幕名称　　　　　　　图 8-58　选择文字工具

步骤 05　在工作区中输入文字"影视频道"，选择输入的文字，如图 8-59 所示。

步骤 06　展开"属性"选项，单击"字体系列"右侧的下拉按钮，在弹出的列表框中选择"黑体"，如图 8-60 所示。

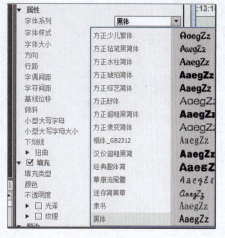

图 8-59　选择输入的文字　　　　　图 8-60　选择"黑体"选项

步骤 07 在"字幕属性"面板中，展开"变换"选项，设置"X 位置"为 374.9、"Y 位置"为 285.0，如图 8-61 所示。

步骤 08 选中"填充"复选框，单击"实底"选项右侧的下拉按钮，在弹出的列表框中选择"斜面"选项，如图 8-62 所示。

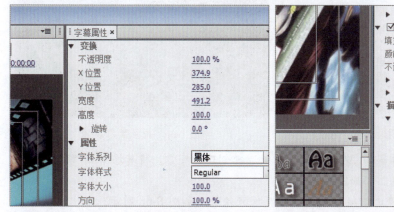

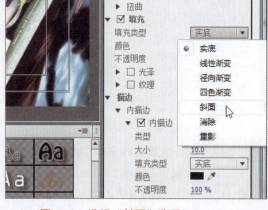

图 8-61　设置相应选项　　　　　图 8-62　选择"斜面"选项

▶ **专家指点**

　　字幕的填充特效还有"消除"与"重影"两种效果，"消除"效果是用来暂时性地隐藏字幕，包括其字幕的阴影和描边效果；重影与消除拥有类似的功能，两者都可以隐藏字幕的效果，其区别在于重影只能隐藏字幕本身，无法隐藏阴影效果。

步骤 09 显示"斜面"选项，单击"高光颜色"右侧的色块，如图 8-63 所示。

步骤 10 在弹出的"拾色器"对话框中设置颜色为黄色（RGB 参数值分别为 255、255、0），如图 8-64 所示，单击"确定"按钮应用设置。

步骤 11 同上一种方法，设置"阴影颜色"为红色（RGB 参数值分别为 255、0、0）、"平衡"为-27.0、"大小"为 18.0，如图 8-65 所示。

步骤 12 执行上述操作后，在工作区中显示字幕效果，如图 8-66 所示。

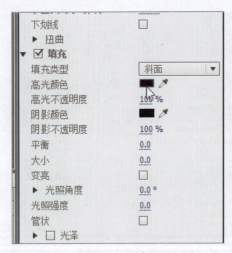

图 8-63　单击相应的色块

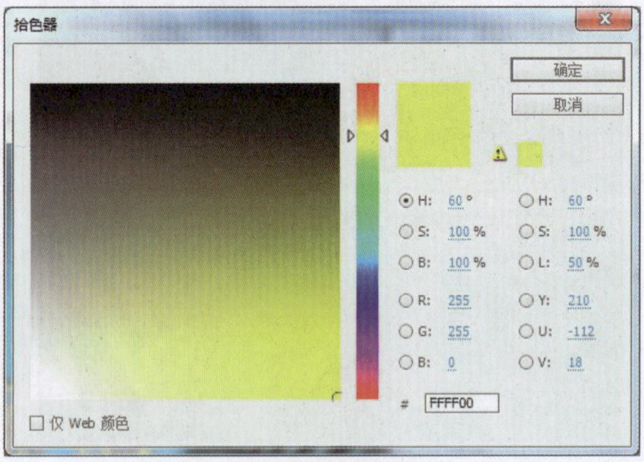

图 8-64　设置颜色

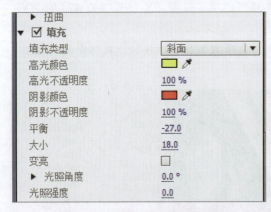

图 8-65　设置"阴影颜色"为红色

图 8-66　显示字幕效果

步骤 13　关闭字幕编辑窗口，在"项目"面板选择创建的字幕，将其添加到"时间轴"面板 V2 轨道上，如图 8-67 所示。

步骤 14　单击"播放-停止切换"按钮，预览视频效果，如图 8-68 所示。

图 8-67　添加字幕文件

图 8-68　预览视频效果

8.2.4　设置纹理填充

　　"纹理"效果的作用主要是为字幕设置背景纹理效果，纹理的文件可以是位图，也可以是矢量图。下面介绍设置纹理填充的操作方法。

步骤 01　在 Premiere Pro CC 界面中，按【Ctrl＋O】组合键，打开项目文件（素材\第 8 章\命运之夜.prproj），在"项目"面板中，选择字幕文件，双击鼠标左键，如图 8-69 所示。

步骤 02　打开字幕编辑窗口，在"填充"选项区中，选中"纹理"复选框，单击"纹理"右侧的按钮　，如图 8-70 所示。

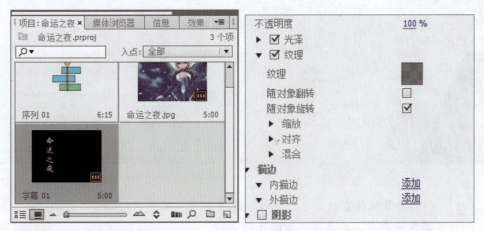

图 8-69　双击字幕文件　　　　　　　图 8-70　单击"纹理"右侧的按钮

步骤 03　弹出"选择纹理图像"对话框，选择合适的纹理素材，如图 8-71 所示。

步骤 04　单击"打开"按钮，即可设置纹理效果，效果如图 8-72 所示。

图 8-71　选择合适的纹理素材

图 8-72　设置纹理填充后的效果

8.2.5　设置描边与阴影效果

　　字幕的"描边"与"阴影"主要作用是让字幕效果更加突出、醒目。因此，用户可以有选择性的添加或者删除字幕中的描边或阴影效果。

1．内描边

"内描边"主要是从字幕边缘向内进行扩展，这种描边效果可能会覆盖字幕的原有填充效果，因此在设置时需要调整好各项参数才能制作出效果。下面介绍具体操作步骤。

步骤 01 在 Premiere Pro CC 界面中，按【Ctrl + O】组合键，打开项目文件（素材\第 8 章\成功起点.prproj），如图 8-73 所示。

步骤 02 在 V2 轨道上，使用鼠标左键双击字幕文件，如图 8-74 所示。

 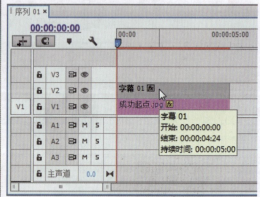

图 8-73　打开项目文件　　　　　　　图 8-74　双击字幕文件

步骤 03 打开字幕编辑窗口，在"描边"选项区中，单击"内描边"右侧"添加"，添加一个内描边选项，如图 8-75 所示。

步骤 04 在"内描边"选项区中，单击"类型"右侧的下拉按钮，弹出列表框，选择"深度"选项，如图 8-76 所示。

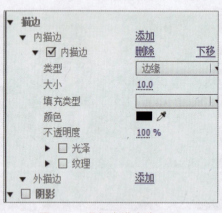

图 8-75　添加内描边选项　　　　　　图 8-76　选择"深度"选项

步骤 05 单击"颜色"右侧的颜色色块，弹出"拾色器"对话框，设置 RGB 参数分别为 199、1、19，如图 8-77 所示。

步骤 06 单击"确定"按钮，返回到字幕编辑窗口，即可设置内描边的描边效果，如图 8-78 所示。

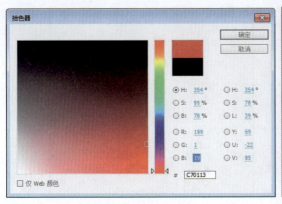

图 8-77　设置参数值

图 8-78　设置内描边后的描边效果

2. 外描边

"外描边"效果与"内描边"正好相反，是从字幕的边缘向外扩展，并增加字幕占据画面的范围。下面介绍具体操作步骤。

步骤 01 在 Premiere Pro CC 界面中，按【Ctrl + O】组合键，打开项目文件（素材\第8章\倾国倾城.prproj），如图 8-79 所示。

步骤 02 在 V2 轨道上，使用鼠标左键双击字幕文件，如图 8-80 所示。

图 8-79　打开项目文件　　　　　　　　　图 8-80　双击字幕文件

步骤 03 打开字幕编辑窗口，在"描边"选项区中，单击"外描边"右侧"添加"，添加一个外描边选项，如图 8-81 所示。

步骤 04 在"外描边"选项区中，设置"类型"为"边缘""大小"为 10.0，如图 8-82 所示。

步骤 05 单击"颜色"右侧的颜色色块，弹出"拾色器"对话框，设置 RGB 参数为90、46、26，如图 8-83 所示。

步骤 06 单击"确定"按钮，返回到字幕编辑窗口，即可设置外描边的描边效果，如图 8-84 所示。

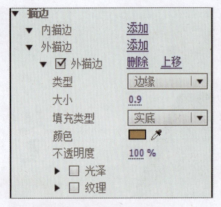

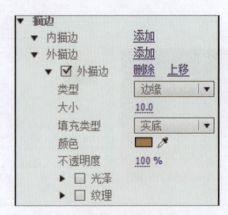

图 8-81　添加外描边选项　　　　图 8-82　选择"凹进"选项

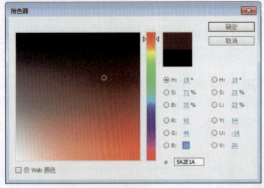

图 8-83　设置参数值　　　　图 8-84　设置外描边后的效果

3．阴影

由于"阴影"是可选效果，用户只有选中"阴影"复选框的状态下，Premiere Pro CC 才会显示用户添加的字幕阴影效果，在添加字幕阴影效果后，可以对"阴影"选项区中各参数进行设置，以得到更好的阴影效果。下面介绍具体操作步骤。

步骤 01　在 Premiere Pro CC 界面中，按【Ctrl + O】组合键，打开项目文件（素材\第8章\儿童乐园.prproj），如图 8-85 所示。

步骤 02　打开项目文件后，在"节目监视器"面板中可以查看素材画面，如图 8-86 所示。

图 8-85　打开项目文件　　　　图 8-86　查看素材画面

步骤 03 执行"文件"|"新建"|"字幕"命令，在弹出的"新建字幕"对话框中输入字幕名称，如图 8-87 所示。

步骤 04 单击"确定"按钮，打开字幕编辑窗口，选择文字工具，在工作区中的合适位置输入文字"儿童乐园"，选择输入的文字，如图 8-88 所示。

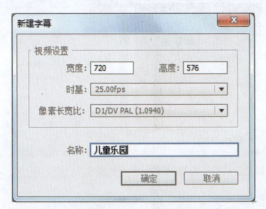

图 8-87 输入字幕名称

图 8-88 选择文字

步骤 05 展开"属性"选项，设置"字体系列"为"方正超粗黑简体"，"字体大小"为 70.0；展开"变换"选项，设置"X 位置"为 400.0、"Y 位置"为 190.0，如图 8-89 所示。

步骤 06 选中"填充"复选框，单击"实底"选项右侧的下拉按钮，在弹出的列表框中选择"径向渐变"选项，如图 8-90 所示。

图 8-89 设置相应的选项

图 8-90 选择"径向渐变"选项

步骤 07 显示"径向渐变"选项，双击"颜色"选项右侧的第 1 个色标，如图 8-91 所示。

步骤 08 在弹出的"拾色器"对话框中，设置颜色为红色（RGB 参数值分别为 255、0、0），如图 8-92 所示。

步骤 09 单击"确定"按钮，返回字幕编辑窗口，双击"颜色"选项右侧的第 2 个色标，在弹出的"拾色器"对话框中设置颜色为黄色（RGB 参数值分别为 255、255、0），如图 8-93 所示。

步骤 10 单击"确定"按钮，返回字幕编辑窗口，选中"阴影"复选框，设置"扩展"为 50.0，如图 8-94 所示。

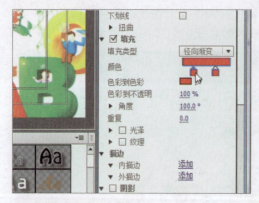

图 8-91　单击第 1 个色标

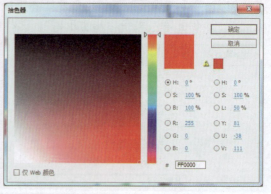

图 8-92　设置第 1 个色标的颜色

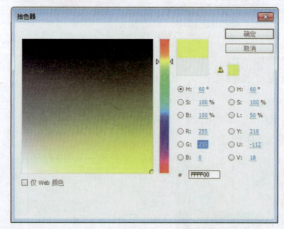

图 8-93　设置第 2 个色标的颜色

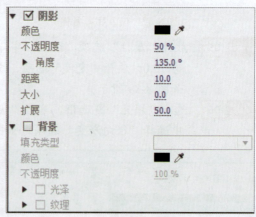

图 8-94　设置"扩展"为 50.0

步骤 11 执行上述操作后，在工作区中显示字幕效果，如图 8-95 所示。

步骤 12 关闭字幕编辑窗口，此时可以在"项目"面板中查看创建的字幕，如图 8-96 所示。

图 8-95　显示字幕效果

图 8-96　查看创建的字幕

步骤 13　在"项目"面板中选择字幕文件，将其添加到"时间轴"面板中的 V2 轨道上，如图 8-97 所示。

步骤 14　单击"播放-停止切换"按钮，预览视频效果，如图 8-98 所示。

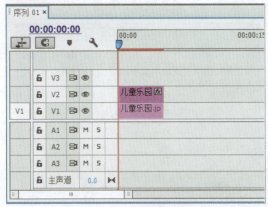

图 8-97　添加字幕文件

图 8-98　预览视频效果

8.3　制作精彩的字幕效果

随着动态视频的发展，动态字幕的应用也越来越频繁了，这些精美的字幕特效不仅能够点明影视视频的主题，让影片更加生动，具有感染力，还能够为观众传递一种艺术信息。本节主要介绍精彩字幕特效的制作方法。

8.3.1　制作路径运动字幕

在 Premiere Pro CC 中，用户可以使用钢笔工具绘制路径，制作字幕路径特效。下面介绍制作路径运动字幕效果的方法。

步骤 01　在 Premiere Pro CC 界面中，按【Ctrl + O】组合键，打开项目文件（素材\第 8 章\彩虹.prproj），如图 8-99 所示。

步骤 02　在 V2 轨道上，选择字幕文件，如图 8-100 所示。

图 8-99　打开项目文件

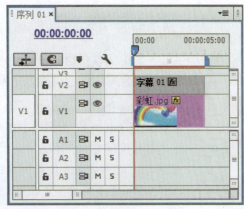

图 8-100　选择字幕文件

步骤 **03** 展开"效果控件"面板，在"运动"选项区中分别为"位置"和"旋转"选项以及"不透明度"选项添加关键帧，如图 8-101 所示。

步骤 **04** 将时间线拖曳至 00:00:00:12 的位置，设置"位置"分别为 680.0 和 160.0、"旋转"为 20.0°、"不透明度"为 100.0%，添加一组关键帧，如图 8-102 所示。

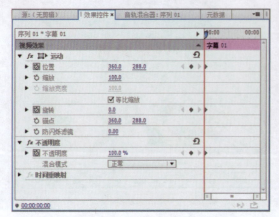

图 8-101　设置关键帧

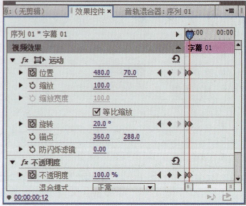

图 8-102　添加一组关键帧

步骤 **05** 制作完成后，单击"节目监视器"面板中的"播放-停止切换"按钮，即可预览字幕路径特效，如图 8-103 所示。

图 8-103　预览字幕路径特效

8.3.2　制作游动特效字幕

　　"游动字幕"是指字幕在画面中进行水平运动的动态字幕类型，用户可以设置游动的方向和位置。下面介绍制作游动特效字幕效果的操作方法。

步骤 **01** 在 Premiere Pro CC 界面中，按【Ctrl＋O】组合键，打开项目文件（素材\第8章\烟花.prproj），如图 8-104 所示，在 V2 轨道上，双击字幕文件。

步骤 **02** 打开字幕编辑窗口，单击"滚动/游动选项"按钮，弹出"滚动/游动选项"对话框，选中"向左游动"单选按钮，如图 8-105 所示。

步骤 **03** 选中"开始于屏幕外"复选框，并设置"缓入"为 3、"过卷"为 7，如图 8-106 所示。

步骤 **04**　单击"确定"按钮，返回到字幕编辑窗口，使用选择工具，将文字向右拖曳至合适位置，如图 8-107 所示。

图 8-104　打开项目文件

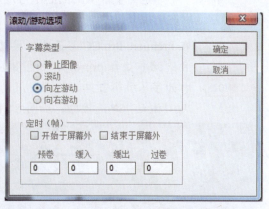

图 8-105　选中"向左游动"单选按钮

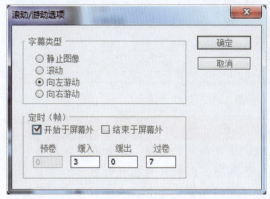

图 8-106　设置参数值

图 8-107　拖曳字幕

步骤 **05**　执行操作后，即可创建游动运动字幕，在"节目监视器"面板中，单击"播放-停止切换"按钮，即可预览字幕游动效果，如图 8-108 所示。

图 8-108　预览字幕游动效果

8.3.3　制作滚动特效字幕

"滚动字幕"是指字幕从画面的下方逐渐向上欲动的动态字幕类型，这种类型的动态字幕常运用在电视节目中。下面介绍制作滚动特效字幕效果的操作方法。

步骤 01　在 Premiere Pro CC 界面中，按【Ctrl + O】组合键，打开项目文件（素材\第 8 章\城市炫舞.prproj），如图 8-109 所示，在 V2 轨道上，双击字幕文件。

步骤 02　打开字幕编辑窗口，单击"滚动/游动选项"按钮，弹出相应对话框，选中"滚动"单选按钮，如图 8-110 所示。

图 8-109　打开项目文件　　　　　　图 8-110　选中"滚动"单选按钮

> ▶ **专家指点**
>
> 在影视制作中字幕的运动能起到突出主题、画龙点睛的妙用，比如在影视广告中均是通过文字说明向观众强化产品的品牌、性能等信息。以前只有在耗资数万的专业编辑系统中才能实现的字幕效果，现在在 PC 机上使用视频编辑软件 Premiere 就能实现滚动字幕的制作。

步骤 03　选中"开始于屏幕外"复选框，并设置"缓入"为 4、"过卷"为 8，如图 8-111 所示。

步骤 04　单击"确定"按钮，返回到字幕编辑窗口，使用选择工具，将文字向下拖曳至合适位置，如图 8-112 所示。

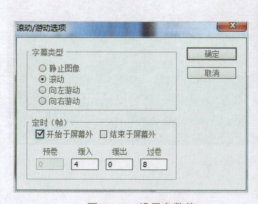

图 8-111　设置参数值　　　　　　　图 8-112　拖曳字幕

步骤 05　执行操作后，即可创建滚动运动字幕，在"节目监视器"面板中，单击"播放-停止切换"按钮，即可预览字幕滚动效果，如图 8-113 所示。

图 8-113　预览字幕滚动效果

8.3.4　制作水平翻转字幕

字幕的翻转效果主要是运用了"嵌套"序列将多个视频效果合并在一起，然后通过"摄像机视图"特效让其整体翻转。下面介绍制作水平翻转字幕效果的操作方法。

步骤 01　在 Premiere Pro CC 界面中，按【Ctrl + O】组合键，打开项目文件（素材\第 8 章\胡杨林.prproj），如图 8-114 所示。

步骤 02　在 V2 轨道上，选择字幕文件，如图 8-115 所示。

图 8-114　打开项目文件　　　　　　图 8-115　选择字幕文件

步骤 03　在"效果控件"面板中，展开"运动"选项，将时间线移至 00:00:00:00 的位置，分别单击"缩放"和"旋转"左侧的"切换动画"按钮，并设置"缩放"为 50.0、"旋转"为 0.0°，添加一组关键帧，如图 8-116 所示。

步骤 04　将时间线移至 00:00:02:00 的位置，设置"缩放"为 70.0、"旋转"为 90.0°；单击"锚点"左侧的"切换动画"按钮，设置"锚点"为 420.0 和 100.0，添加第二组关键帧，如图 8-117 所示。

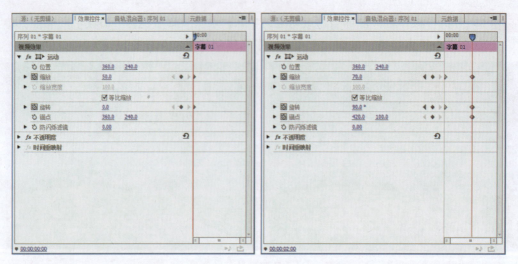

图 8-116　添加一组关键帧　　　　　　　　图 8-117　添加第二组关键帧

步骤 05　制作完成后，单击"节目监视器"面板中的"播放-停止切换"按钮，即可预览字幕翻转特效，如图 8-118 所示。

图 8-118　预览字幕翻转特效

8.3.5　制作旋转特效字幕

　　"旋转"字幕效果主要是通过设置"运动"特效中的"旋转"选项的参数，让字幕在画面中旋转。下面介绍制作旋转特效字幕效果的操作方法。

步骤 01　在 Premiere Pro CC 界面中，按【Ctrl + O】组合键，打开项目文件（素材\第8章\女人节.prproj），如图 8-119 所示。

步骤 02　在 V2 轨道上，选择字幕文件，如图 8-119 所示。

步骤 03　在"效果控件"面板中，单击"旋转"左侧的"切换动画"按钮，并设置"旋转"为 30.0°，添加关键帧，如图 8-120 所示。

步骤 04　将时间线移至 00:00:06:15 的位置处，设置"旋转"参数为 180.0°，添加关键帧，如图 8-121 所示。

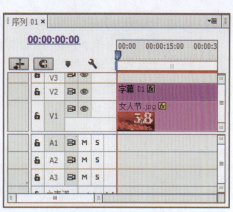

图 8-119　打开项目文件　　　　　　　　图 8-120　选择字幕文件

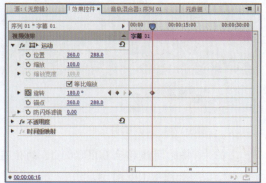

图 8-121　添加关键帧　　　　　　　　　图 8-122　添加关键帧

步骤 05　制作完成后，单击"节目监视器"面板中的"播放-停止切换"按钮，即可预览字幕旋转特效，如图 8-123 所示。

图 8-123　预览字幕旋转特效

8.3.6　制作拉伸特效字幕

"拉伸"字幕效果常常运用于大型的视频广告中，如电影广告、衣服广告、汽车广告等。下面介绍制作拉伸特效字幕效果的操作方法。

步骤 01 在 Premiere Pro CC 界面中，按【Ctrl + O】组合键，打开项目文件（素材\第 8 章\河边小孩.prproj），如图 8-124 所示，在 V2 轨道上，选择字幕文件。

步骤 02 在"效果控件"面板中，单击"缩放"左侧的"切换动画"按钮，添加关键帧，如图 8-125 所示。

图 8-124　打开项目文件

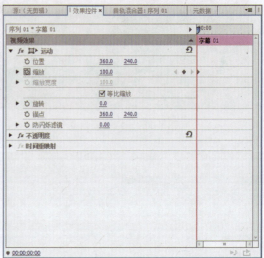

图 8-125　添加关键帧（1）

步骤 03 将时间线移至 00:00:01:15 的位置处，设置"缩放"参数为 70.0，添加关键帧，如图 8-126 所示。

步骤 04 将时间线移至 00:00:02:20 的位置处，设置"缩放"参数为 90.0，添加关键帧，如图 8-127 所示。

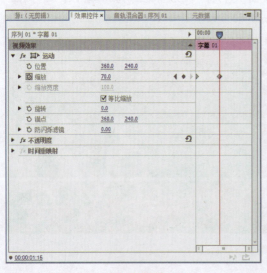

图 8-126　添加关键帧（2）

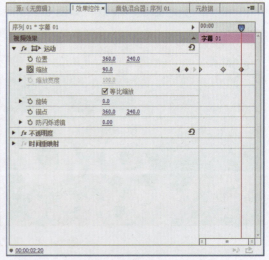

图 8-127　添加关键帧（3）

步骤 05 执行操作后，即可制作拉伸特效字幕效果，单击"节目监视器"面板中的"播放-停止切换"按钮，即可预览字幕拉伸特效，如图 8-128 所示。

图 8-128　预览字幕拉伸特效

8.3.7　制作扭曲特效字幕

"扭曲"特效字幕主要是运用了"弯曲"特效让画面产生扭曲、变形效果的特点，让用户制作的字幕发生扭曲变形。下面介绍制作扭曲特效字幕效果的操作方法。

步骤 01　在 Premiere Pro CC 界面中，按【Ctrl + O】组合键，打开项目文件（素材\第 8 章\光芒四射.prproj），如图 8-129 所示。

步骤 02　在"效果"面板中，展开"视频效果"|"扭曲"选项，选择"弯曲"选项，如图 8-130 所示。

图 8-129　打开项目文件　　　　　　图 8-130　选择"弯曲"选项

步骤 03　单击鼠标左键，将其拖曳至 V2 轨道上，添加"扭曲"特效，如图 8-131 所示。

步骤 04　在"效果控件"面板中，查看添加"扭曲"特效的相应参数，如图 8-132 所示。

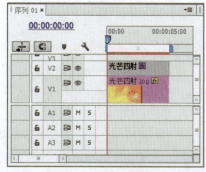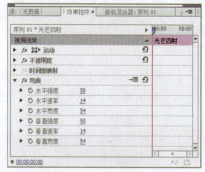

图 8-131　添加扭曲特效　　　　　　图 8-132　查看参数值

步骤 05 执行操作后，即可制作"扭曲"特效字幕效果，单击"节目监视器"面板中的"播放-停止切换"按钮，即可预览字幕"扭曲"特效，如图 8-133 所示。

图 8-133　预览字幕扭曲特效

8.3.8　制作发光特效字幕

在 Premiere Pro CC 中，发光特效字幕主要是运用了"镜头光晕"特效让字幕产生发光的效果。下面介绍制作游动特效字幕效果的操作方法。

步骤 01 在 Premiere Pro CC 界面中，按【Ctrl + O】组合键，打开项目文件（素材\第8章\一束花.prproj），如图 8-134 所示。

步骤 02 在"效果"面板中，展开"视频效果"|"生成"选项，选择"镜头光晕"选项，将"镜头光晕"视频效果拖曳至 V2 轨道上的字幕素材中，如图 8-135所示。

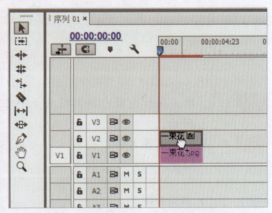

图 8-134　打开项目文件　　　　图 8-135　添加"镜头光晕"视频特效

步骤 03 将时间线拖曳至 00:00:01:00 的位置，选择字幕文件，在"效果控件"面板中分别单击"光晕中心""光晕亮度"和"与原始图像混合"左侧的"切换动画"按钮，添加关键帧，如图 8-136 所示。

步骤 04 将时间线拖曳至 00:00:03:00 的位置，在"效果控件"面板中设置"光晕中心"为 100.0 和 400.0、"光晕亮度"为 300%、"与原始图像混合"为 30%，添加第二组关键帧，如图 8-137 所示。

 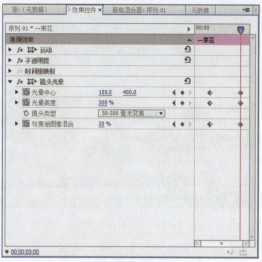

图 8-136　添加关键帧　　　　　　　图 8-137　添加关键帧

步骤 05　执行操作后，即可制作发光特效字幕效果，单击"节目监视器"面板中的"播放-停止切换"按钮，即可预览字幕发光特效，如图 8-138 所示。

图 8-138　预览字幕发光特效

▶ 专家指点

　　在 Premiere Pro CC 中，为字幕文件添加"镜头光晕"视频特效后，在"效果控件"面板中可以设置镜头光晕的类型，单击"镜头类型"右侧的下三角按钮，在弹出的列表框中可以根据需要选择"105 毫米定焦"选项即可。

8.3.9　制作淡入淡出字幕

　　在 Premiere Pro CC 中，通过设置"效果控件"面板中的"不透明度"选项参数，可以制作字幕的淡入淡出特效。下面介绍具体操作步骤。

步骤 01　在 Premiere Pro CC 界面中，按【Ctrl + O】组合键，打开项目文件（素材\第 8 章\美丽城堡.prproj），如图 8-139 所示。

步骤 02　在"时间轴"面板的 V2 轨道中，使用鼠标左键选择字幕文件，如图 8-140 所示。

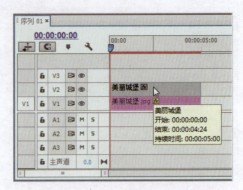

图 8-139　打开项目文件　　　　　　　　　图 8-140　选择字幕文件

步骤 **03**　打开"效果控件"面板，在"不透明度"选项区中单击"添加/移除关键帧"
按钮，添加一个关键帧，如图 8-141 所示。

步骤 **04**　执行操作后，设置"不透明度"选项参数为 0.0%，如图 8-142 所示。

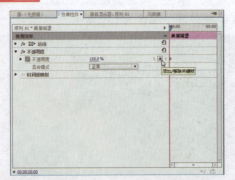

图 8-141　添加一个关键帧　　　　　　　　图 8-142　设置"不透明度"参数

步骤 **05**　将时间线切换至 00:00:02:00 处，再次添加一个关键帧，并设置"不透明度"
选项参数为 100.0%，如图 8-143 所示。

步骤 **06**　用与上同样的方法，在 00:00:04:00 处再次添加一个关键帧，并设置"不透明
度"选项参数为 0.0%，如图 8-144 所示。

图 8-143 设置"不透明度"参数　　　　　　图 8-144　设置"不透明度"参数

步骤　07　制作完成后，单击"节目监视器"面板中的"播放-停止切换"按钮，即可预览字幕淡入淡出特效，如图 8-145 所示。

图 8-145　预览字幕淡入淡出特效

8.3.10　制作混合特效字幕

　　在 Premiere Pro CC 中的"效果控件"面板中，展开"不透明度"选项区，在该选项区中，除了可以通过设置"不透明度"参数制作淡入淡出效果，还可以制作字幕的混合特效。下面介绍具体操作步骤。

步骤　01　在 Premiere Pro CC 界面中，按【Ctrl + O】组合键，打开项目文件（素材\第 8 章\雪莲盛开.prproj），在"节目监视器"面板中可以查看打开的项目文件效果，如图 8-146 所示。

步骤　02　在"时间轴"面板的 V2 轨道中，使用鼠标左键选择字幕文件，如图 8-147 所示。

步骤　03　打开"效果控件"面板，在"不透明度"选项区中单击"混合模式"右侧的下拉按钮，在弹出的下拉列表中选择"强光"选项，如图 8-148 所示。

步骤　04　执行操作后，即可完成混合特效的制作，单击"节目监视器"面板中的"播放-停止切换"按钮，即可预览字幕混合特效，如图 8-149 所示。

图 8-146　查看打开的项目文件

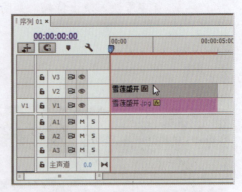

图 8-147　选择字幕文件

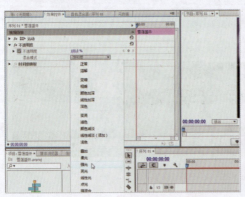

图 8-148　选择"强光"选项

图 8-149　预览字幕混合特效

本章小结

　　字幕制作在视频编辑中是一种重要的艺术手段，好的标题字幕不仅可以传达画面以外的信息，还可以增强影片的艺术效果。本章详细讲解了在 Premiere Pro CC 中制作字幕特效的操作方法，包括设置字体样式、设置字体大小、设置字幕间距效果、设置字体属性、设置字幕颜色填充、设置字幕描边与阴影效果等内容，以及制作多种动态字幕的操作方法。学完本章，用户可以熟练掌握字幕文件的编辑操作与属性设置方法，并能够合理运用将其添加至影视作品当中。

课后习题

　　鉴于本章知识的重要性，为了帮助读者更好地掌握所学知识，本节将通过上机习题，帮助读者巩固和强化前面所学内容，再次提升读者的应用能力。

本习题需要掌握通过"新建"｜"字幕"命令，快速创建字幕文件的方法，效果如图 8-139 所示。

图 8-139　创建字幕素材和效果

第 9 章　制作惊人的覆叠特效

【本章导读】

在 Premiere Pro CC 中，所谓叠覆特效，是 Premiere Pro CC 提供的一种视频编辑方法，它将视频素材添加到视频轨道中之后，然后对视频素材的大小、位置以及透明度等属性的调节，从而产生的视频画面叠加效果。本章主要介绍影视覆叠特效的制作方法与技巧。

【本章重点】

➢　认识 Alpha 通道与遮罩
➢　制作透明叠加的特效
➢　制作视频的叠加特效

9.1　认识 Alpha 通道与遮罩

Alpha 通道是图像额外的灰度图层，利用 Alpha 通道可以将视频轨道中图像、文字等素材与其他视频轨道中的素材进行组合。

通道主要作用是用来记录图像内容和颜色信息，然而随着图像的颜色模式改变，通道的数量也会随着改变。在 Premiere Pro CC 中，颜色模式主要以 RGB 模式为主，Alpha 通道可以把所需要的图像分离出来，让画面达到最佳的透明效果。

9.1.1　通过 Alpha 通道进行视频叠加

在 Premiere Pro CC 中，一般情况下，利用通道进行视频叠加的方法很简单，用户可以根据需要运用 Alpha 通道进行视频叠加。Alpha 通道信息都是静止的图像信息，因此需要运用 Photoshop 这一类图像编辑软件来生成带有通道信息图像文件。

在创建完带有通道信息的图像文件后，接下来只需要将带有 Alpha 通道信息的文件拖入到 Premiere Pro CC 的"时间轴"面板的视频轨道上即可，视频轨道中编号较低的内容将自动透过 Alpha 通道显示出来。下面介绍通过 Alpha 通道进行视频叠加的操作方法。

步骤 01　在 Premiere Pro CC 界面中，按【Ctrl + O】组合键，打开项目文件（素材\第9章\清新淡雅.prproj），如图 9-1 所示。

步骤 02　在"项目"面板中将素材分别添加至 V1 和 V2 轨道上，拖动控制条调整视图，选择 V1 轨道上的素材，在"效果控件"面板中展开"运动"选项，设置"缩放"为 16.0，然后用同样的方法选择 V2 轨道上的素材，设置"缩放"为 85.0，如图 9-2 所示。

步骤 03 在"效果"面板中展开"视频效果"|"键控"选项,选择"Alpha 调整"视频效果,如图 9-3 所示,单击鼠标左键,并将其拖曳至 V2 轨道的素材上,即可添加 Alpha 调整视频效果。

图 9-1　打开项目文件

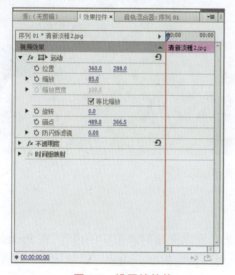 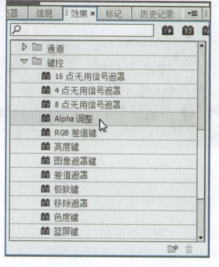

图 9-2　设置缩放值　　　　　图 9-3　选择"Alpha 调整"视频效果

步骤 04 将时间线移至素材的开始位置,在"效果控件"面板中展开"Alpha 调整"选项,单击"不透明度""反转 Alpha"和"仅蒙版"选项左侧的"切换动画"按钮,如图 9-4 所示。

步骤 05 然后将"当前时间指示器"拖曳至 00:00:02:10 的位置,设置"不透明度"为 50.0%,并选中"仅蒙版"复选框,添加关键帧,如图 9-5 所示。

步骤 06 设置完成后,将时间线移至素材的开始位置,在"节目监视器"面板中单击"播放-停止切换"按钮,即可预览视频叠加后的效果,如图 9-6 所示。

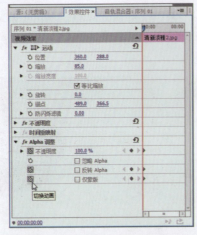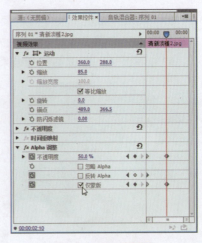

图 9-4 单击"切换动画"按钮　　　　图 9-5 添加关键帧

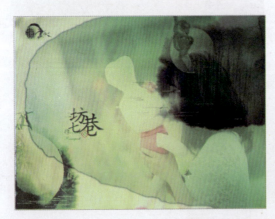

图 9-6 预览视频叠加后的效果

9.1.2 遮罩的概念

遮罩是一种能够根据自身灰阶的不同,有选择地隐藏素材画面中的内容。在 Premiere Pro CC 中,遮罩的作用主要是用来隐藏顶层素材画面中的部分内容,并显示下一层画面的内容。

(1)无用信号遮罩。主要是针对视频图像的特定键进行处理,"无用信号遮罩"是运用多个遮罩点,并在素材画面中连成一个固定的区域,用来隐藏画面中的部分图像。系统提供了 4 点、8 点以及 16 点无信号遮罩特效。

(2)色度键。用于将图像上的某种颜色及其相似范围的颜色设定为透明,从而可以看见低层的图像。"色度键"特效的作用是利用颜色来制作遮罩效果,这种特效多运用画面中有大量近似色的素材中。"色度键"特效也常常用于其他文件的 Alpha 通道或填充,如果输入的素材是包含背景的 Alpha,可能需要去除图像中的光晕,而光晕通常和背景及图像有很大的差异。

(3)亮度键。用于将叠加图像的灰度值设置为透明。"亮度键"是用来去除素材画面中较暗的部分图像,该特效常运用于画面明暗差异化特别明显的素材中。

(4)非红色键。"非红色键"特效与"蓝屏键"特效的效果类似,其区别在于蓝屏键去除的是画面中蓝色图像，而非红色键不仅可以去除蓝色背景，还可以去除绿色背景。

（5）图像遮罩键。可以用一幅静态的图像做蒙版。在 Premiere Pro CC 中，"图像遮罩键"特效是将素材作为划定遮罩的范围，或者为图像导入一张带有 Alpha 通道的图像素材来指定遮罩的范围。

（6）差异遮罩键。可以将两个图像相同区域进行叠加。"差异遮罩键"特效是作用于对比两个相似的图像剪辑，并去除图像剪辑在画面中的相似部分，最终只留下有差异的图像内容。

（7）颜色键。用于设置需要透明的颜色来设置透明效果。"颜色键"特效主要运用于大量相似色的素材画面中，其作用是隐藏素材画面中指定的色彩范围。

9.2　制作透明叠加的特效

在 Premiere Pro CC 中可以通过对素材透明度的设置，制作出各种透明混合叠加的效果。透明度叠加是将一个素材的部分显示在另一个素材画面上，利用半透明的画面来呈现下一张画面。本节主要介绍运用常用透明叠加的基本操作方法。

9.2.1　制作透明度叠加

在 Premiere Pro CC 中，用户可以直接在"效果控件"面板中降低或提高素材的透明度，这样可以让两个轨道的素材同时显示在画面中。下面介绍其操作方法。

步骤 01　在 Premiere Pro CC 界面中，按【Ctrl + O】组合键，打开项目文件（素材\第9章\唐韵古风.prproj），如图 9-7 所示。

步骤 02　在 V2 轨道上，选择照片素材，如图 9-8 所示。

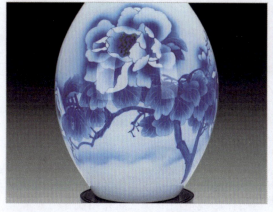

图 9-7　打开项目文件

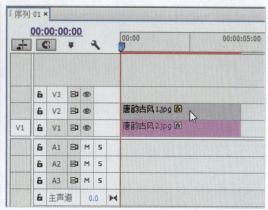

图 9-8　选择照片素材

步骤 03　在"效果控件"面板中，展开"不透明度"选项，单击"不透明度"选项右侧的"添加/移除关键帧"按钮，添加关键帧，如图 9-9 所示。

步骤 04　将时间线移至 00:00:04:00 的位置，设置"不透明度"为 50.0%，添加关键帧，如图 9-10 所示。

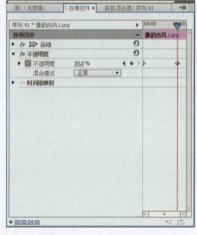

图 9-9　添加关键帧（1）　　　　　　　　图 9-10　添加关键帧（2）

　　在 Premiere Pro CC "效果控件" 面板中，通过拖曳 "当前时间指示器" 调整时间线位置不准确时，可在 "播放指示器位置" 文本框中，输入需要调整的时间参数，即可精准快速调整到时间线位置。

步骤 **05**　设置完成后，将时间线移至素材的开始位置，在 "节目监视器" 面板中，单击 "播放-停止切换" 按钮，预览透明度叠加效果，如图 9-11 所示。

图 9-11　预览透明化叠加效果

9.2.2　制作蓝屏键透明叠加

　　在 Premiere Pro CC 中，"蓝屏键" 特效可以去除画面中的所有蓝色部分，这样可以为画面添加更加特殊的叠加效果，这种特效常运用在影视抠图中。下面介绍制作 "蓝屏键" 特效的操作方法。

步骤 **01**　在 Premiere Pro CC 界面中，按【Ctrl + O】组合键，打开项目文件（素材\第9章\光圈.prproj），如图 9-12 所示。

步骤 **02**　在 "效果" 面板中，选择 "蓝屏键" 选项，如图 9-13 所示。

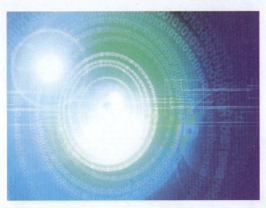

图 9-12　打开项目文件

图 9-13　选择"蓝屏键"选项

步骤 03　单击鼠标左键，并将其拖曳至 V2 轨道中的素材上，添加视频效果，时间轴面板如图 9-14 所示。

步骤 04　展开"效果控件"面板，展开"蓝屏键"选项，设置"阈值"为 50.0%，如图 9-15 所示。

步骤 05　设置完成后，将时间线移至素材的开始位置，在"节目监视器"面板中，单击"播放-停止切换"按钮，预览蓝屏键叠加效果，如图 9-16 所示。

图 9-14　添加视频效果

图 9-15　设置参数值

图 9-16　预览蓝屏键叠加效果

9.2.3　制作非红色键叠加

"非红色键"特效可以将图像上的背景变成透明色。下面介绍运用非红色键叠加素材的操作方法。

步骤 01　在 Premiere Pro CC 界面中，按【Ctrl + O】组合键，打开项目文件（素材\第9章\字母.prproj），如图 9-17 所示。

步骤 02　在"效果"面板中，选择"非红色键"选项，如图 9-18 所示。

图 9-17　打开项目文件　　　　　　　　图 9-18　选择"非红色键"选项

步骤 03　单击鼠标左键，并将其拖曳至 V2 轨道中的素材上，如图 9-19 所示。

步骤 04　在"效果控件"面板中，设置"阈值"为 0.0%、"屏蔽度"为 1.5%，即可运用非红色键叠加素材，效果如图 9-20 所示。

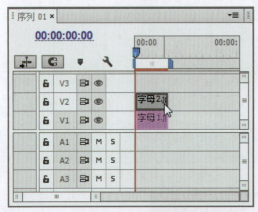

图 9-19　拖曳至视频素材上　　　　　　图 9-20　运用非红色键叠加素材

9.2.4　制作颜色键透明叠加

在 Premiere Pro CC 中，可以运用"颜色键"特效制作出一些比较特别的效果叠加。下面介绍如何使用颜色键来制作特殊效果。

步骤 01　在 Premiere Pro CC 界面中，按【Ctrl + O】组合键，打开项目文件（素材\第9章\水果.prproj），如图 9-21 所示。

步骤 02　在"效果"面板中，选择"颜色键"选项，如图 9-22 所示。

图 9-21   打开项目文件

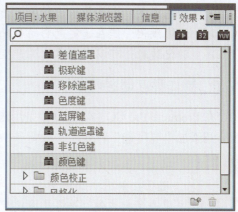

图 9-22   选择"颜色键"选项

步骤 03 单击鼠标左键,并将其拖曳至 V2 的素材上,即可添加视频效果,如图 9-23 所示。

步骤 04 在"效果控件"面板中,设置"主要颜色"为绿色(RGB 参数值为 45、144、66)、"颜色容差"为 50,如图 9-24 所示。

步骤 05 执行上述操作后,即可运用颜色键叠加素材,效果如图 9-25 所示。

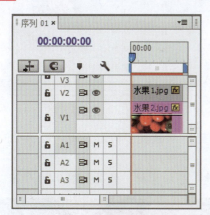

图 9-23   添加视频效果

图 9-24   设置参数值

图 9-25   运用颜色键叠加素材效果

> ➤ **颜色容差：**主要是用于扩展所选颜色的范围。
> ➤ **边缘细化：**能在选定色彩的基础上，扩大或缩小"主要颜色"的范围。
> ➤ **羽化边缘：**可以在图像边缘产生平滑过度，其参数越大，羽化的效果越明显。

9.2.5 制作亮度键透明叠加

在 Premiere Pro CC 中，亮度键是用来抠出图层中指定明亮度或亮度的所有区域。下面介绍添加"亮度键"特效，去除背景中的黑色区域。

步骤 01 以上一例的效果文件为例，在"效果"面板中，依次展开"键控"|"亮度键"选项，如图 9-26 所示。

步骤 02 单击鼠标左键，并将其拖曳至 V2 轨道中的素材图像上，即可添加视频效果，如图 9-27 所示。

图 9-26 选择"亮度键"选项   图 9-27 拖曳视频效果

步骤 03 在"效果控件"面板中，设置"阈值""屏蔽度"均为 100.0%，如图 9-28 所示。

步骤 04 执行上述操作后，即可运用"亮度键"叠加素材，效果如图 9-29 所示。

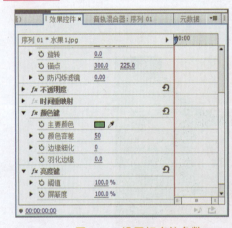

图 9-28 设置相应的参数   图 9-29 预览视频效果

9.3　制作视频的叠加特效

在 Premiere Pro CC 中，除了前文中所介绍的透明叠加方式外，还有"字幕"叠加方式、"淡入淡出"叠加方式以及"RGB 差值键"叠加方式等，这些叠加方式都是相当实用的。本节主要介绍运用这些叠加方式的操作方法。

9.3.1　制作字幕叠加

在 Premiere Pro CC 中，华丽的字幕效果往往会让整个影视素材显得耀眼。下面介绍运用字幕叠加的操作方法。

步骤 01 在 Premiere Pro CC 界面中，按【Ctrl + O】组合键，打开项目文件（素材\第9章\花纹.prproj），如图 9-30 所示。

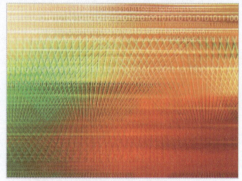

图 9-30　打开项目文件

步骤 02 在"效果控件"面板中，设置 V1 轨道素材的"缩放"为 135.0，如图 9-31 所示。

步骤 03 按【Ctrl + T】组合键，弹出"新建字幕"对话框，单击"确定"按钮，打开字幕编辑窗口，输入文字并设置字幕属性，如图 9-32 所示。

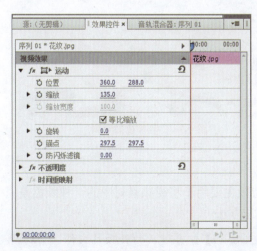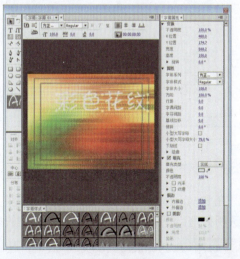

图 9-31　设置相应选项　　　　　　　　　图 9-32　输入文字

▶ 专家指点

字幕在创建的时候，Premiere Pro CC 中会自动加上 Alpha 通道，也能带来透明叠加的效果。在需要进行视频叠加的时候，利用字幕创建工具制作出文字或者图形的可叠加视频内容，然后在利用"时间线"面板进行编辑即可。

步骤 **04**　关闭字幕编辑窗口，在"项目"面板中拖曳"字幕01"至 V3 轨道中，如图 9-33 所示。

步骤 **05**　选择 V2 轨道中的素材，在"效果"面板中展开"视频效果"|"键控"选项，选择"轨道遮罩键"视频效果，如图 9-34 所示。

步骤 **06**　单击鼠标左键并将其拖曳至 V2 轨道中的素材上，在"效果控件"面板中展开"轨道遮罩键"选项，设置"遮罩"为"视频3"，如图 9-35 所示。

步骤 **07**　在面板中展开"运动"选项，设置"缩放"为 65.0，执行上述操作后，即可完成叠加字幕的制作，效果如图 9-36 所示。

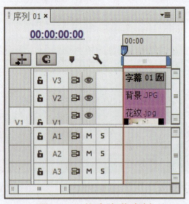

图 9-33　拖曳字幕素材

图 9-34　选择"轨道遮罩键"视频效果

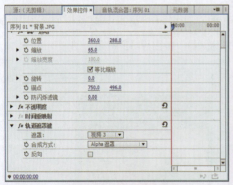

图 9-35　设置相应参数

图 9-36　字幕叠加效果

9.3.2　制作 RGB 差值键

在 Premiere Pro CC 中，"RGB 差值键"特效主要用于将视频素材中的一种颜色差值做透明处理。下面介绍运用 RGB 差值键的操作方法。

步骤 **01**　在 Premiere Pro CC 界面中，按【Ctrl + O】组合键，打开项目文件（素材\第 9 章\童年记忆.prproj），如图 9-37 所示。

步骤 02 在"效果"面板中展开"视频效果"|"键控"选项，选择"RGB 差值键"视频效果，如图 9-38 所示。

步骤 03 单击鼠标左键并将其拖曳至 V2 轨道的素材上，添加视频效果，如图 9-39 所示。

图 9-37　打开项目文件

图 9-38　选择"RGB 差值键"视频效果　　　　图 9-39　拖曳视频效果

步骤 04 在"效果控件"面板中展开"RGB 差值键"选项，设置"颜色"为浅橙色（RGB 参数值为 254、217、129）、"相似性"为 50.0%，如图 9-40 所示。

步骤 05 执行上述操作后，即可运用"RGB 差值键"制作叠加效果，在"节目监视器"面板中可以预览其效果，如图 9-41 所示。

图 9-40　设置相应参数　　　　图 9-41　运用"RGB 差值键"制作叠加效果

9.3.3　制作淡入淡出叠加

在 Premiere Pro CC 中，"淡入淡出叠加"效果通过对两个或两个以上的素材文件添加"不透明度"特效，并为素材添加关键帧实现素材之间的叠加转换。下面介绍运用淡入淡出叠加的操作方法。

步骤 01 在 Premiere Pro CC 界面中，按【Ctrl + O】组合键，打开项目文件（素材\第9章\空山鸟语.prproj），如图 9-42 所示。

图 9-42　打开项目文件

步骤 02 在"时间轴"面板中，选择 V2 轨道中的素材，如图 9-43 所示。

步骤 03 在"效果控件"面板中展开"不透明度"选项，设置"不透明度"为 0.0%，添加关键帧，如图 9-44 所示。

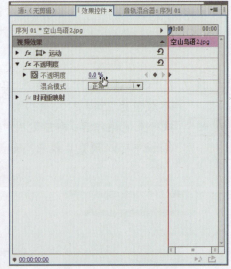

图 9-43　设置素材"缩放"　　　　图 9-44　添加关键帧（1）

步骤 04 将"当前时间指示器"拖曳至 00:00:02:04 的位置，设置"不透明度"为 100.0%，添加第 2 个关键帧，如图 9-45 所示。

步骤 05 将"当前时间指示器"拖曳至 00:00:04:05 的位置，设置"不透明度"为 0.0%，添加第 3 个关键帧，如图 9-46 所示。

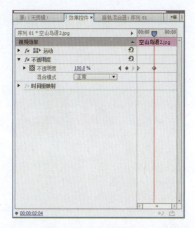
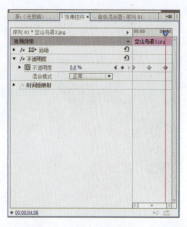

图 9-45　添加关键帧（2）　　　　　　图 9-46　添加关键帧（3）

步骤 06　执行上述操作后，将时间线移至素材的开始位置，在"节目监视器"面板中单击"播放-停止切换"按钮，即可预览淡入淡出叠加效果，如图 9-47 所示。

图 9-47　预览淡入淡出叠加效果

▶ **专家指点**

在 Premiere Pro CC 中，淡出就是一段视频剪辑结束时由亮变暗的过程，淡入是指一段视频剪辑开始时由暗变亮的过程。淡入淡出叠加效果会增加影视内容本身的一些主观气氛，而不像无技巧剪剪辑那么生硬。另外，Premiere Pro CC 中的淡入淡出在影视转场特效中也被称为溶入溶出，或者渐隐与渐显。

9.3.4　制作 4 点无用信号遮罩

在 Premiere Pro CC 中，"4 点无用信号遮罩"特效可以在视频画面中设定 4 个遮罩点，并利用这些遮罩点连成的区域来隐藏部分图像。下面介绍制作 4 点无用信号遮罩视频效果的操作方法。

步骤 01　在 Premiere Pro CC 界面中，按【Ctrl＋O】组合键，打开项目文件（素材\第 9 章\夏日.prproj），如图 9-48 所示。

步骤 02　在"效果控件"面板中，设置 V2 轨道素材的"缩放"为 80.0，如图 9-49 所示。

步骤 03 在"效果"面板中展开"视频效果"|"键控"选项，选择"4 点无用信号遮罩"视频效果，如图 9-50 所示。

图 9-48 打开项目文件

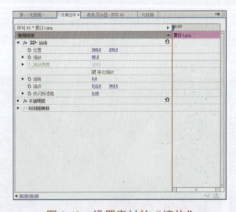

图 9-49 设置素材的"缩放"

图 9-50 选择相应视频效果

步骤 04 单击鼠标左键并将其拖曳至 V2 轨道的素材上，在"效果控件"面板中单击"4 点无用信号遮罩"选项中的所有"切换动画"按钮，创建关键帧，如图 9-51 所示。

步骤 05 将"当前时间指示器"拖曳至 00:00:01:00 的位置，设置"上左"为（200.0、0.0）、"上右"为（650.0、0.0）、"下右"为（900.0、729.0）、"下左"为（0.0、729.0），添加第二组关键帧，如图 9-52 所示。

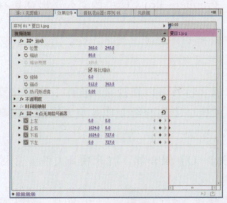

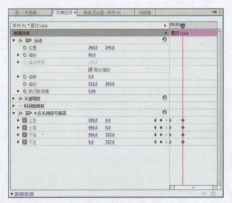

图 9-51 创建关键帧

图 9-52 添加关键帧（1）

步骤 06 将"当前时间指示器"拖曳至 00:00:02:10 的位置，设置"上左"为（733.0、0.0）、"上右"为（650.0、400.0）、"下右"为（963.0、700.0）、"下左"为（0.0、500.0），添加第三组关键帧，如图 9-53 所示。

步骤 07 将"当前时间指示器"拖曳至 00:00:03:12 的位置，设置"上左"为（500.0、0.0）、上右为（0.0、200.0）、"下右"为（500.0、750.0）、"下左"为（0.0、450.0），添加第四组关键帧，效果如图 9-54 所示。

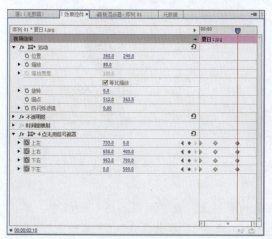 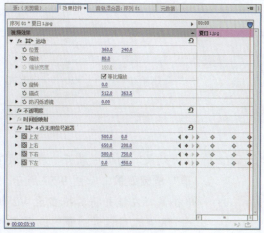

图 9-53　添加关键帧（2）　　　　　　图 9-54　添加关键帧（3）

步骤 08 执行上述操作后，将时间线移至素材的开始位置，在"节目监视器"面板中单击"播放-停止切换"按钮，即可预览"4 点无用信号遮罩"效果，如图 9-55 所示。

图 9-55　预览视频效果

9.3.5　制作 8 点无用信号遮罩

在 Premiere Pro CC 中，"8 点无用信号遮罩"与"4 点无用信号遮罩"的作用一样，该效果包含了 4 点无用信号遮罩特效的所有遮罩点，并增加了 4 个调节点。下面介绍运用"8 点无用信号遮罩"的操作方法。

步骤 01 在 Premiere Pro CC 界面中，按【Ctrl + O】组合键，打开项目文件（素材\第 9 章\星藤学园.prproj），如图 9-56 所示。

图 9-56 打开项目文件

步骤 02 在"效果"面板中展开"视频效果"|"键控"选项，选择"8 点无用信号遮罩"视频效果，如图 9-57 所示。

步骤 03 单击鼠标左键并将其拖曳至 V2 轨道的素材上，在"效果控件"面板中，单击"8 点无用信号遮罩"选项中的"上左顶点""右上顶点""下右顶点""左下顶点"选项的"切换动画"按钮，创建关键帧，如图 9-58 所示。

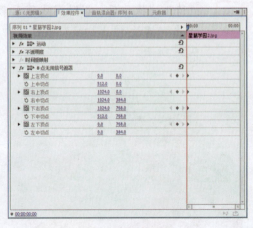

图 9-57 选择相应视频效果　　　　　图 9-58 创建关键帧

步骤 04 然后将"当前时间指示器"拖曳至 00:00:01:00 的位置，设置"上左顶点"为（200.0、0.0）、"右上顶点"为（600.0、0.0）、"下右顶点"为（600.0、593.0）、"左下顶点"为（200.0、593.0），此时系统会自动添加第二组关键帧，如图 9-59 所示。

步骤 05 然后用上述相同的方法，分别将"当前时间指示器"拖曳至 00:00:02:00、00:00:03:00 和 00:00:04:00 的位置，分别设置左侧参数值，"上左顶点"为（400.0、600.0 和 1000.0）、"右上顶点"为（400.0、200.0 和-200.0）、"下右顶点"为（400.0、600.0 和-200.0）、"左下顶点"为（400.0、200.0 和 1000.0），右侧参数均不变，设置完成后，即可添加关键帧，如图 9-60 所示。

步骤 `06` 执行上述操作后，将时间线移至素材的开始位置，在"节目监视器"面板中单击"播放-停止切换"按钮，即可预览"8 点无用信号遮罩"效果，如图9-61 所示。

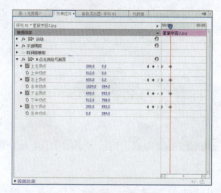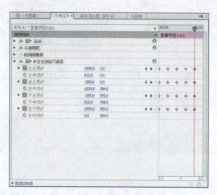

图 9-59　添加关键帧（1）　　　　　　图 9-60　添加关键帧（2）

图 9-61　预览"8 点无用信号遮罩"视频效果

▶ **专家指点**

在 Premiere Pro CC 中，使用"8 点无用信号遮罩"视频效果后，将在"节目监视器"面板中显示带有控制柄的蒙版，通过移动控制柄可以调整蒙版的形状。

制作 8 点无用信号遮罩效果时，在"效果控件"面板中展开"8 点无用信号遮罩"选项，可以根据需要在面板中添加相应关键帧，并且可以移动关键帧的位置，制作不同的 8 点无用信号遮罩效果。

9.3.6　制作 16 点无用信号遮罩

在 Premiere Pro CC 中，"16 点无用信号遮罩"包含了"8 点无用信号遮罩"的所有遮罩点，并在"16 点无用信号遮罩"的基础上增加了 8 个遮罩点。下面介绍运用"16 点无用信号遮罩"的操作方法。

步骤 `01` 在 Premiere Pro CC 界面中，按【Ctrl + O】组合键，打开项目文件（素材\第9 章\少女.prproj），如图 9-62 所示。

图 9-62　打开项目文件

步骤 02　在"效果"面板中展开"视频效果"|"键控"选项，选择"16 点无用信号遮罩"视频效果，如图 9-63 所示。

步骤 03　单击鼠标左键并将其拖曳至 V2 轨道的素材上，如图 9-64 所示。

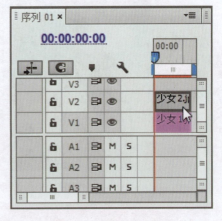

图 9-63　选择相应视频效果　　　　　图 9-64　拖曳视频效果

步骤 04　在"效果控件"面板中单击"16 点无用信号遮罩"选项中的所有"切换动画"按钮，创建关键帧，如图 9-65 所示。

步骤 05　将"当前时间指示器"拖曳至 00:00:01:20 的位置，设置"上左顶点"为（185.0、160.0）、"上中切点"为（336.0、140.0）、"右上顶点"为（480.0、180.0）、"右中切点"为（518.0、312.0）、"下右顶点"为（498.0、454.0）、"下中切点"为（350.0、440.0）、"左下顶点"为（178.0、440.0）、"左中切点"为（180.0、300.0），添加第二组关键帧，如图 9-66 所示。

步骤 06　将"当前时间指示器"拖曳至 00:00:03:20 的位置，设置"上左顶点"为（330.0、300.0）、"上中切点"为（400.0、260.0）、"右上顶点"为（330.0、260.0）、"右中切点"为（380.0、300.0）、"下右顶点"为（380.0、250.0）、"下中切点"为（350.0、330.0）、"左下顶点"为（320.0、300.0）、"左中切点"为（320.0、250.0），添加第三组关键帧，如图 9-67 所示。

步骤 07 在"时间轴"面板中将"当前时间指示器"拖曳至素材的开始位置，如图 9-68 所示。

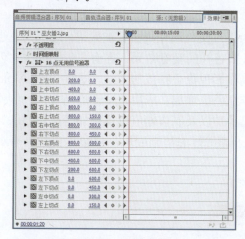

图 9-65　创建关键帧

图 9-66　添加关键帧（1）

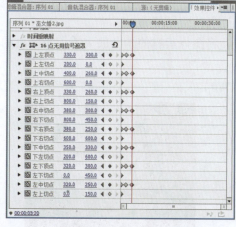

图 9-67　添加关键帧（2）

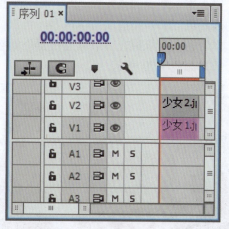

图 9-68　拖曳至开始位置

步骤 08 执行操作后，在"节目监视器"面板中单击"播放-停止切换"按钮，即可预览"16 点无用信号遮罩"效果，如图 9-69 所示。

图 9-69　预览"16 点无用信号遮罩"视频效果

本章小结

在 Premiere Pro CC 中，应用覆叠特效，为影片文件制作画面叠加效果，使不同轨道中的视频与图像素材画面相互交织，组合成各式各样的视觉效果，在有限的空间中，创造了更加丰富的画面内容。本章主要介绍了制作影视覆叠特效的方法，其中包括 Alpha 通道与遮罩的认识、应用透明度叠加、应用非红色键叠加、应用亮度键透明叠加、制作字幕叠加、制作颜色透明叠加、制作淡入淡出叠加以及制作差值遮罩叠加等操作方法。帮助读者在制作影视视频叠加效果时，提供了非常好的基础应用，使影片更加具有观赏性。

课后习题

鉴于本章知识的重要性，为了帮助读者更好地掌握所学知识，本节将通过上机习题，帮助读者巩固和强化前面所学内容，再次提升读者的应用能力。

本习题需要掌握在"节目监视器"面板中，将图像素材的画面放大或缩小查看的方法，效果如图 9-70 所示。

图 9-70　素材画面放大或缩小效果

第 10 章　制作悦耳的声音特效

【本章导读】

在 Premiere Pro CC 中，音频的制作非常重要，在影视、游戏及多媒体的制作开发中，音频和视频具有同样重要的地位，音频质量的好坏直接影响到作品的质量。本章主要介绍影视背景音乐的制作方法和技巧，对音频编辑的核心技巧进行讲解，让读者快速掌握如何编辑音频，制作悦耳的声音特效。

【本章重点】

- ➤ 编辑音频素材
- ➤ 设置音效的属性
- ➤ 常用音频的精彩应用

10.1　编辑音频素材

音频素材是指可以持续一段时间含有各种音乐音响效果的声音。用户在制作音频效果文件前，首先需要了解音频编辑的一些基本操作，如添加音频文件、删除音频文件、分割音频文件以及调整音频持续时间等。

10.1.1　添加音频文件

在 Premiere Pro CC 编辑器中，添加音频文件的方法与添加视频素材以及图片素材的方法基本相同，也可以通过"项目"面板或运用"菜单"命令进行添加。下面介绍通过"项目"面板添加音频文件的操作方法。

步骤 **01**　在 Premiere Pro CC 界面中，按【Ctrl + O】组合键，打开项目文件（素材\第10 章\广告项目.prproj），如图 10-1 所示。

步骤 **02**　在"项目"面板上，选择音频文件，如图 10-2 所示。

图 10-1　打开项目文件

图 10-2　选择音频文件

步骤 **03** 单击鼠标右键，在弹出的快捷菜单中，选择"插入"选项，如图 10-3 所示。

步骤 **04** 执行操作后，即可运用"项目"面板添加音频，如图 10-4 所示。

图 10-3 选择"插入"选项

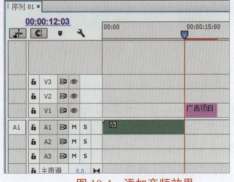

图 10-4 添加音频效果

10.1.2 删除音频文件

用户若想删除多余的音频文件，可以在"项目"面板中进行音频删除操作。下面介绍在"项目"面板中删除音频文件的操作方法。

步骤 **01** 在 Premiere Pro CC 界面中，按【Ctrl + O】组合键，打开项目文件（素材\第10 章\音乐 1.prproj），如图 10-5 所示。

步骤 **02** 在"项目"面板上，选择音频文件，如图 10-6 所示。

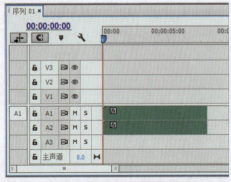

图 10-5 打开项目文件

图 10-6 选择音频文件

步骤 **03** 单击鼠标右键，在弹出的快捷菜单中，选择"清除"选项，如图 10-7 所示。

步骤 **04** 弹出信息提示框，单击"是"按钮，如图 10-8 所示，即可删除音频。

图 10-7 选择"清除"选项

图 10-8 单击"是"按钮

10.1.3　分割音频文件

分割音频文件是运用剃刀工具将音频素材分割成两段或多段音频素材，这样可以让用户更好地将音频与其他素材相结合。下面介绍使用"剃刀工具"分割音频文件的操作方法。

步骤 01　在 Premiere Pro CC 界面中，按【Ctrl＋O】组合键，打开项目文件（素材\第10 章\乐享所致.prproj），如图 10-9 所示。

步骤 02　在"时间轴"面板中，选择剃刀工具，如图 10-10 所示。

图 10-9　打开项目文件

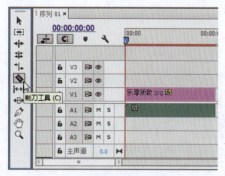

图 10-10　选择剃刀工具

步骤 03　在音频文件上的合适位置，单击鼠标左键，即可分割音频文件，如图 10-11所示。

步骤 04　依次单击鼠标左键，分割其他位置，如图 10-12 所示。

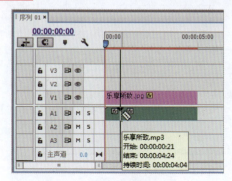

图 10-11　分割音频文件

图 10-12　分割其他位置

10.1.4　添加音频轨道

在默认情况下将自动创建 3 个音频轨道和一个主音轨，当用户添加的音频素材过多时，可以选择性的添加 1 个或多个音频轨道。

运用"时间轴"面板添加音频轨道的具体方法是：拖曳鼠标至"时间轴"面板中的A1 轨道，单击鼠标右键，在弹出的快捷菜单中选择"添加轨道"选项，如图 10-13 所示。弹出"添加轨道"对话框，用户可以选择需要添加的音频数量，单击"确定"按钮，此时用户可以在时间轴面板中查看添加的音频轨道，如图 10-14 所示。

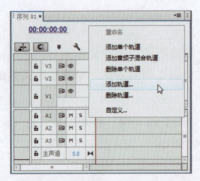

图 10-13　选择"添加轨道"选项

图 10-14　添加音频轨道后的效果

10.1.5　删除音频轨道

当用户添加的音频轨道过多时，用户可以删除部分音频轨道。下面介绍删除音频轨道的操作方法。

步骤 **01** 按【Ctrl＋N】组合键，新建一个项目文件，执行"序列"|"删除轨道"命令，如图 10-15 所示。

步骤 **02** 弹出"删除轨道"对话框，选中"删除音频轨道"复选框，并设置删除"音频 1"轨道，如图 10-16 所示。

图 10-15　单击"删除轨道"命令

图 10-16　设置需要删除的轨道

步骤 **03** 单击"确定"按钮，即可删除音频轨道，如图 10-17 所示。

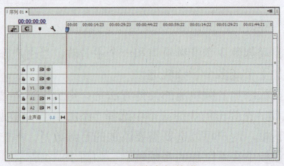

图 10-17　删除音频轨道

10.1.6　调整音频持续时间

　　音频素材的持续时间是指音频的播放长度，当用户设置音频素材的出入点后，即可改变音频素材的持续时间。运用鼠标拖曳音频素材来延长或缩短音频的持续时间，这是最简单方便的操作方法，但这种方法很可能会影响到音频素材的完整性，因此，用户可以选择运用"速度/持续时间"命令来实现。

　　用户可以在"时间轴"面板中选择需要调整的音频文件，单击鼠标右键，在弹出的快捷菜单中选择"速度/持续时间"选项，如图 10-18 所示。在弹出的"剪辑速度/持续时间"对话框中，设置持续时间参数值即可，如图 10-19 所示。

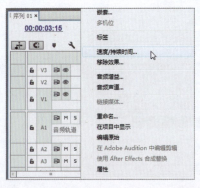

图 10-18　选择"速度/持续时间"选项　　　　　　图 10-19　设置参数值

▶ **专家指点**

　　当用户在调整素材长度时，向左拖曳鼠标则可以缩短持续时间，向右拖曳鼠标则可以增长持续时间。如果该音频处于最长持续时间状态，则无法继续增加其长度。

10.2　设置音效的属性

　　在 Premiere Pro CC 中，用户可以对音频素材进行适当的处理，让音频达到更好的视听效果。本节将详细介绍设置音效属性的操作方法。

10.2.1　添加音频过渡

　　在 Premiere Pro CC 中系统为用户预设了"恒定功率""恒定增益"和"指数淡化"3中音频过渡效果。下面介绍添加"指数淡化"音频过渡效果的操作方法。

步骤 01　在 Premiere Pro CC 界面中，按【Ctrl + O】组合键，打开项目文件（素材\第 10 章\创意广告.prproj），如图 10-20 所示。

步骤 02　在"效果"面板中，依次展开"音频过渡"│"交叉淡化"选项，选择"指数淡化"选项，如图 10-21 所示。

步骤 03　单击鼠标左键并拖曳至 A1 轨道上，如图 10-22 所示，即可添加音频过渡。

图 10-20　打开项目文件

图 10-21　选择"指数淡化"选项

图 10-22　添加音频过渡

10.2.2　添加音频特效

由于 Premiere Pro CC 是一款视频编辑软件，因此在音频特效的编辑方面并不是表现的那么突出，但系统仍然提供了大量的音频特效。

步骤 01　在 Premiere Pro CC 界面中，按【Ctrl + O】组合键，打开项目文件（素材\第 10 章\田园风光.prproj），如图 10-23 所示。

步骤 02　在"效果"面板中展开"音频效果"选项，选择"带通"选项，如图 10-24 所示。

图 10-23　打开项目文件

图 10-24　选择"带通"选项

步骤 03　单击鼠标左键，将其拖曳至 A1 轨道上，添加特效，如图 10-25 所示。

步骤 04　在"效果控件"面板中，查看各参数，如图 10-26 所示。

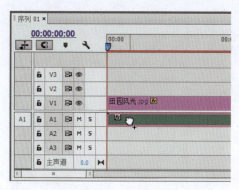

图 10-25　添加特效

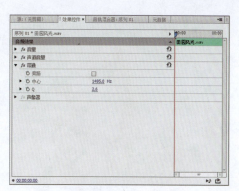

图 10-26　查看各参数

10.2.3　删除音频特效

如果用户对添加的音频特效不满意，可以选择删除音频特效。运用"效果控件"面板删除音频特效的具体方法是：选择"效果控件"面板中的音频特效，单击鼠标右键，在弹出的快捷菜单中，选择"清除"选项，如图 10-27 所示，即可删除音频特效，如图 10-28 所示。

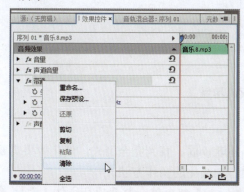

图 10-27　选择"清除"选项

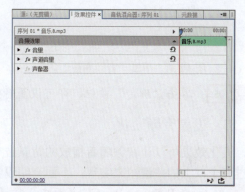

图 10-28　删除音频特效

▶ 专家指点

除了运用上述方法删除特效外，还可以在选择特效的情况下，按【Delete】键，即可删除特效。

10.2.4　设置音频增益

在运用 Premiere Pro CC 调整音频时，往往会使用多个音频素材，因此，用户需要通过调整增益效果来控制音频的最终效果。下面介绍设置音频增益的操作方法。

步骤 01　在 Premiere Pro CC 界面中，按【Ctrl + O】组合键，打开项目文件（素材\第 10 章\快乐一夏.prproj），如图 10-29 所示。

步骤 02　在"时间轴"面板中，选择 A1 轨道上的素材，如图 10-30 所示。

步骤 03　执行"剪辑"|"音频选项"|"音频增益"命令，如图 10-31 所示。

步骤 04　弹出"音频增益"对话框，选中"将增益设置为"单选按钮，并设置其参数为 12dB，如图 10-32 所示。

图 10-29　打开项目文件

图 10-30　选择音乐素材

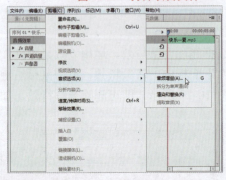

图 10-31　单击"音频增益"命令

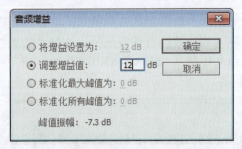

图 10-32　设置参数值

步骤 **05**　单击"确定"按钮，即可设置音频的增益。

10.2.5　设置音频淡化

　　淡化效果可以让音频随着播放的背景音乐逐渐较弱，直到完全消失，淡化效果需要通过两个以上的关键帧来实现。下面介绍设置音频淡化的操作方法。

步骤 **01**　在 Premiere Pro CC 界面中，按【Ctrl + O】组合键，打开项目文件（素材\第10章\音乐 2.prproj），选择"时间轴"面板中的音频素材，在"效果控件"面板中，展开"音量"特效，选择"级别"选项，添加一个关键帧，如图10-33 所示。

步骤 **02**　拖曳"当前时间指示器"至合适位置，并将"级别"选项的参数设置为-300.0dB，创建另一个关键帧，即可完成对音频素材的淡化设置，如图 10-34 所示。

图 10-33　添加关键帧

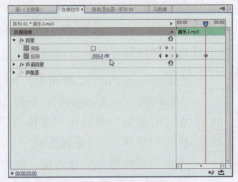

图 10-34　完成音频淡化的设置

10.3　常用音频的精彩应用

在 Premiere Pro CC 中，音频在影片中是一个不可或缺的元素，用户可以根据需要制作常用的音频效果，本节主要介绍常用音频效果的制作方法。

10.3.1　制作音量特效

用户在导入一段音频素材后，对应的"效果控件"面板中将会显示"音量"选项，用户可以根据需要制作音量特效。下面介绍制作音量特效的操作方法。

步骤 **01**　在 Premiere Pro CC 界面中，按【Ctrl + O】组合键，打开项目文件（素材\第 10 章\樱花.prproj），如图 10-35 所示。

步骤 **02**　在"项目"面板中选择"樱花.jpg"素材文件，将其添加到"时间轴"面板中的 V1 轨道上，在"节目监视器"面板中可以查看素材画面，如图 10-36 所示。

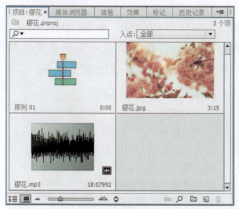

图 10-35　打开项目文件　　　　　　　　　　图 10-36　查看素材画面

步骤 **03**　选择 V1 轨道上的素材文件，切换至"效果控件"面板，设置"缩放"为 50.0，如图 10-37 所示。

步骤 **04**　在"项目"面板中选择"樱花.mp3"素材文件，将其添加到"时间轴"面板中的 A1 轨道上，如图 10-38 所示。

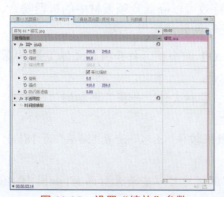 

图 10-37　设置"缩放"参数　　　　　　　　图 10-38　添加素材文件

步骤 **05** 将鼠标移至"樱花.jpg"素材文件的结尾处,单击鼠标左键并向右拖曳,调整素材文件的持续时间,与音频素材的持续时间一致为止,如图 10-39 所示。

步骤 **06** 选择 A1 轨道上的素材文件,拖曳时间指示器至 00:00:13:00 的位置,切换至"效果控件"面板,展开"音量"选项,单击"级别"选项右侧的"添加/移除关键帧"按钮,如图 10-40 所示。

图 10-39 调整素材持续时间

图 10-40 单击"切换动画"按钮

步骤 **07** 调整时间至 00:00:14:23 的位置,设置"级别"为-20.0dB,如图 10-41 所示。

步骤 **08** 将鼠标移至 A1 轨道名称上,向上滚动鼠标滚轮,展开轨道并显示音量调整效果,如图 10-42 所示,单击"播放-停止切换"按钮,试听音量效果。

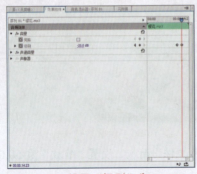
图 10-41 设置"级别"为-20.0dB

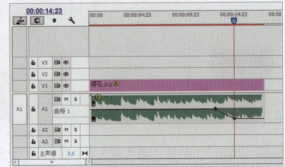
图 10-42 展开轨道并显示音量调整效果

10.3.2 制作降噪特效

在 Premiere Pro CC 中,通过 DeNoiser(降噪)特效可以降低音频素材中的机器噪音、环境噪音和外音等不应有的杂音。下面介绍制作降噪特效的操作方法。

步骤 **01** 在 Premiere Pro CC 界面中,按【Ctrl + O】组合键,打开项目文件(素材\第 10 章\汽车广告.prproj),如图 10-43 所示。

步骤 **02** 在"项目"面板中选择"汽车广告.jpg"素材文件,并将其添加到"时间轴"面板中的 V1 轨道上,如图 10-44 所示。

步骤 **03** 选择 V1 轨道上的素材文件,切换至"效果控件"面板,设置"缩放"为 181.0,如图 10-45 所示。

步骤 **04** 设置视频缩放效果后,在"节目监视器"面板中可以查看素材画面,如图 10-46 所示。

图 10-43　打开项目文件

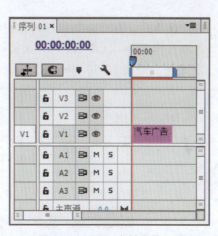

图 10-44　添加素材文件

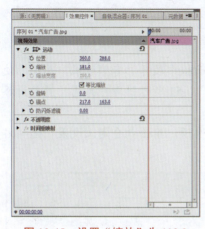

图 10-45　设置"缩放"为 110.0

图 10-46　查看素材画面

步骤 05　将"汽车广告.mp3"素材文件添加到"时间轴"面板中的 A1 轨道上，选择剃刀工具，如图 10-47 所示。

步骤 06　拖曳时间指示器至 00:00:05:00 的位置，将鼠标移至 A1 轨道上时间指示器的位置，单击鼠标左键，如图 10-48 所示。

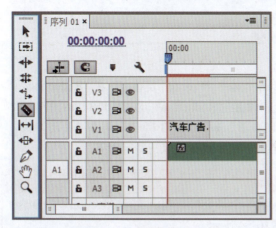

图 10-47　选择剃刀工具

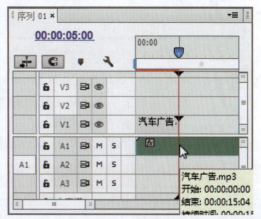

图 10-48　单击鼠标左键

步骤 **07** 执行操作后，即可分割相应的素材文件，如图 10-49 所示。

步骤 **08** 使用选择工具，选择 A1 轨道上第 2 段音频素材文件，按【Delete】键删除素材文件，如图 10-50 所示。

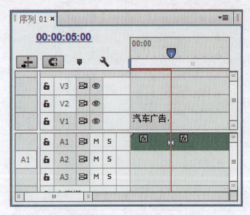 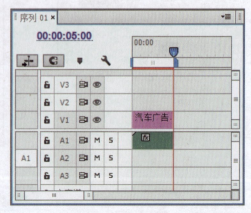

图 10-49　分割素材文件　　　　　　　图 10-50　删除素材文件

步骤 **09** 选择 A1 轨道上的素材文件，在"效果"面板中展开"音频效果"选项，使用鼠标左键双击"DeNoiser"选项，如图 10-51 所示，即可为选择的素材添加 DeNoiser 音频效果。

步骤 **10** 在"效果控件"面板中展开"DeNoiser"选项，单击"自定义设置"选项右侧的"编辑"按钮，如图 10-52 所示。

 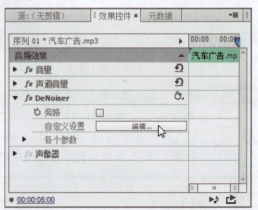

图 10-51　双击"DeNoiser"选项　　　　图 10-52　单击"编辑"按钮

步骤 **11** 在弹出的"剪辑效果编辑器"对话框中选中"Freeze"复选框，在"Reduction"旋转按钮上单击鼠标左键并拖曳，设置"Reduction"为-20.0dB，运用同样的操作方法，设置"Offset"为 10.0dB，如图 10-53 所示，单击"关闭"按钮，关闭对话框，单击"播放-停止切换"按钮，试听降噪效果。

▶ 专家指点

用户也可以在"效果控件"面板中展开"各个参数"选项，在 Reduction 与 Offset 选项的右侧输入数字，设置降噪参数，如图 10-54 所示。

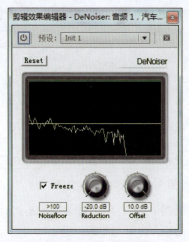

图 10-53　设置相应参数

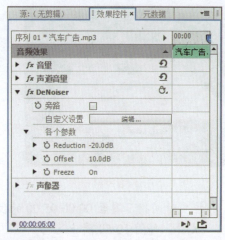

图 10-54　"Reduction"的参数选项

▶ 专家指点

　　用户在使用摄像机拍摄的素材时，常常会出现一些电流的声音，此时便可以添加 DeNoiser（降噪）或者 Notch（消频）特效来消除这些噪音。

10.3.3　制作平衡特效

　　在 Premiere Pro CC 中，通过音质均衡器可以对素材的频率进行音量的提升或衰减。下面介绍制作平衡特效的操作方法。

步骤 01　在 Premiere Pro CC 界面中，按【Ctrl + O】组合键，打开项目文件（素材\第 10 章\亲近自然.prproj），如图 10-55 所示。

步骤 02　在"项目"面板中选择"亲近自然.jpg"素材文件，并将其添加到"时间轴"面板中的 V1 轨道上，如图 10-56 所示。

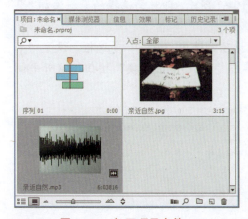

图 10-55　打开项目文件

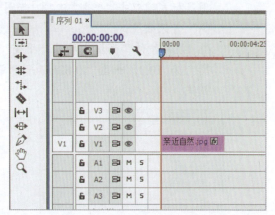

图 10-56　添加素材文件

步骤 03　选择 V1 轨道上的素材文件，切换至"效果控件"面板，设置"缩放"为 130.0，在"节目监视器"面板中可以查看素材画面，如图 10-57 所示。

步骤 04　将"亲近自然.mp3"素材添加到"时间轴"面板的 A1 轨道上，如图 10-58 所示。

中文版 **Premiere Pro CC** 实例教程

图 10-57　查看素材画面

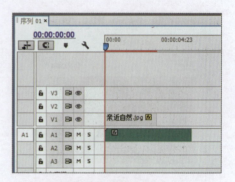

图 10-58　添加素材文件

步骤 05　拖曳时间指示器至 00:00:05:00 的位置，使用剃刀工具分割 A1 轨道上的素材文件，如图 10-59 所示。

步骤 06　使用选择工具，选择 A1 轨道上第 2 段音频素材文件，按【Delete】键删除素材文件，如图 10-60 所示。

图 10-59　分割素材文件

图 10-60　删除素材文件

步骤 07　选择 A1 轨道上的素材文件，在"效果"面板中展开"音频效果"选项，使用鼠标左键双击"平衡"选项，如图 10-61 所示，即可为选择的素材添加"平衡"音频效果。

步骤 08　在"效果控件"面板中展开"平衡"选项，选中"旁路"复选框，设置"平衡"为 50.0，如图 10-62 所示，单击"播放-停止切换"按钮，试听平衡效果。

图 10-61　双击"平衡"选项

图 10-62　设置相应选项

10.3.4　制作延迟特效

在 Premiere Pro CC 中,"延迟"音频效果是室内声音特效中常用的一种效果。下面介绍制作延迟特效的操作方法。

步骤 01　在 Premiere Pro CC 界面中,按【Ctrl + O】组合键,打开项目文件 (素材\第 10 章\肉松蛋糕.prproj),如图 10-63 所示。

步骤 02　在"项目"面板中选择"肉松蛋糕.jpg"素材文件,并将其添加到"时间轴"面板中的 V1 轨道上,如图 10-64 所示。

图 10-63　打开项目文件

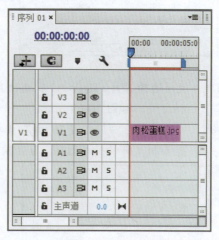

图 10-64　添加素材文件

步骤 03　选择 V1 轨道上的素材文件,切换至"效果控件"面板,设置"缩放"为 60.0,在"节目监视器"面板中可以查看素材画面,如图 10-65 所示。

步骤 04　将"肉松蛋糕.mp3"素材添加到"时间轴"中的 A1 轨道上,如图 10-66 所示。

图 10-65　查看素材画面

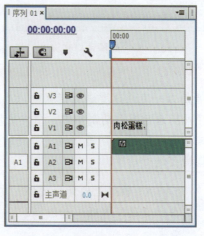

图 10-66　添加素材文件

步骤 05　调整时间至 00:00:30:00 的位置处,如图 10-67 所示。

步骤 06　然后分割 V1 轨道上的素材文件,如图 10-68 所示。

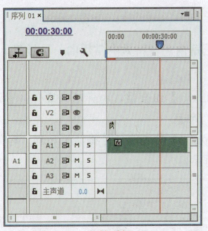

图 10-67　调整时间

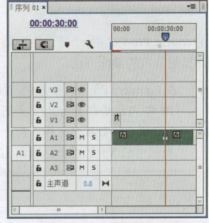

图 10-68　分割素材文件

步骤 07 使用选择工具,选择 A1 轨道上第 2 段音频素材文件,按【Delete】键删除素材文件,如图 10-69 所示。

步骤 08 将鼠标移至"肉松蛋糕.jpg"素材文件的结尾处,单击鼠标左键并拖曳,调整素材文件的持续时间,与音频素材的持续时间一致为止,如图 10-70 所示。

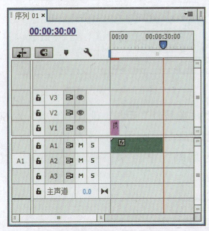

图 10-69　删除素材文件

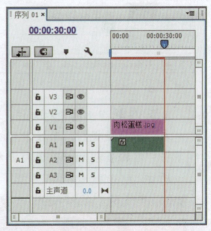

图 10-70　调整素材文件的持续时间

▶ **专家指点**

　　声音是以一定的速度进行传播的,当遇到障碍物后就会反射回来,与原声之间形成差异,在前期录音或后期制作中,用户可以利用延时器来模拟不同的延时时间的反射声,从而造成一种空间感,运用"延迟"特效可以为音频素材添加一个回声效果,回声的长度可根据需要进行设置。

步骤 09 选择 A1 轨道上的素材文件,在"效果"面板中展开"音频效果"选项,双击"延迟"选项,如图 10-71 所示,即可为选择的素材添加"延迟"音频效果。

步骤 10 拖曳时间指示器至开始位置,在"效果控件"面板中展开"延迟"选项,单击"旁路"选项左侧的"切换动画"按钮,并选中"旁路"复选框,如图 10-72 所示。

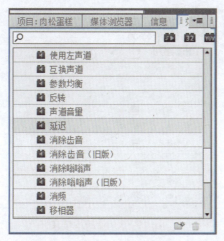

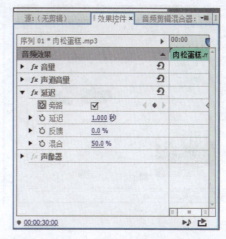

图 10-71　双击"延迟"选项　　　　　图 10-72　选中"旁路"复选框

步骤 11　调整时间至 00:00:06:00 的位置，取消选中"旁路"复选框，如图 10-73 所示。

步骤 12　拖曳时间指示器至 00:00:15:00 的位置，再次选中"旁路"复选框，如图 10-74 所示，单击"播放-停止切换"按钮，试听延迟特效。

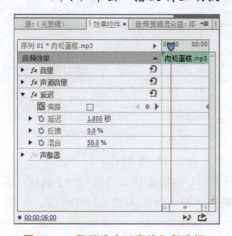

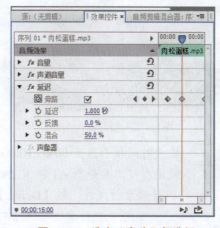

图 10-73　取消选中"旁路"复选框　　　　图 10-74　选中"旁路"复选框

10.3.5　制作混响特效

在 Premiere Pro CC 中，"混响"特效可以模拟房间内部的声波传播方式，是一种室内回声效果，能够体现出宽阔回声的真实效果。下面介绍制作混响特效的操作方法。

步骤 01　在 Premiere Pro CC 界面中，按【Ctrl + O】组合键，打开项目文件（素材\第 10 章\可爱小孩.prproj），如图 10-75 所示。

步骤 02　在"项目"面板中选择"可爱小孩.jpg"素材文件，并将其添加到"时间轴"面板中的 V1 轨道上，如图 10-76 所示。

步骤 03　选择 V1 轨道上的素材文件，切换至"效果控件"面板，设置"缩放"为 128.0，在"节目监视器"面板中可以查看素材画面，如图 10-77 所示。

步骤 04　将"可爱小孩.mp3"素材添加到"时间轴"中的 A1 轨道上，如图 10-78 所示。

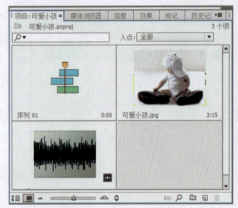

图 10-75　打开项目文件

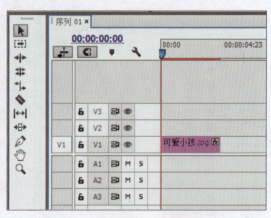

图 10-76　添加素材文件

图 10-77　查看素材画面

图 10-78　添加素材文件

步骤 05　拖曳时间指示器至 00:00:10:00 的位置，如图 10-79 所示。

步骤 06　使用剃刀工具分割 A1 轨道上的素材文件，运用选择工具选择 A1 轨道上第 2 段音频素材文件，按【Delete】键删除素材文件，如图 10-80 所示。

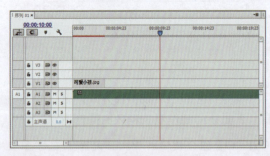

图 10-79　拖曳时间指示器

图 10-80　删除素材文件

步骤 07　将鼠标移至 "可爱小孩.jpg" 素材文件的结尾处，单击鼠标左键并拖曳，调整素材文件的持续时间，与音频素材的持续时间一致为止，如图 10-81 所示。

步骤 08　选择 A1 轨道上的素材文件，在 "效果" 面板中展开 "音频效果" 选项，双击 "Reverb" 选项，如图 10-82 所示，即可为选择的素材添加 Reverb 音频效果。

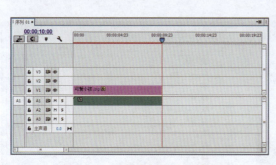

图 10-81　调整素材文件的持续时间　　　　　图 10-82　双击 Reverb 选项

步骤 09　拖曳时间指示器至 00:00:04:00 的位置，在"效果控件"面板中展开 Reverb 选项，单击"旁路"选项左侧的"切换动画"按钮，并选中"旁路"复选框，如图 10-83 所示。

步骤 10　拖曳时间指示器至 00:00:08:00 的位置，取消选中"旁路"复选框，如图 10-84 所示，单击"播放-停止切换"按钮，试听混响特效。

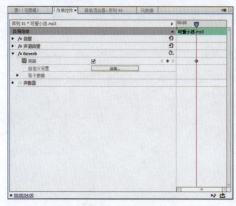

图 10-83　选中"旁路"复选框　　　　　图 10-84　取消选中"旁路"复选框

➤　**Reedley：** 指定信号与回响之间的时间。

➤　**Absorption：** 指定声音被吸收的百分比。

➤　**Size：** 指定空间大小的百分比。

➤　**Density：** 指定回响拖尾的密度。

➤　**LoDamp：** 指定低频的衰减，衰减低频可以防止环境声音造成的回响。

➤　**HiDamp：** 指定高频的衰减，高频的衰减可以使回响声音更加柔和。

➤　**Mix：** 控制回响的力度。

10.3.6　制作消频特效

在 Premiere Pro CC 中，"消频"特效主要是用来过滤特定频率范围之外的一切频率。下面介绍制作消频特效的操作方法。

步骤 01　在 Premiere Pro CC 界面中，按【Ctrl + O】组合键，打开项目文件（素材\第 10 章\雪糕广告.prproj），如图 10-85 所示。

步骤 02 在"效果"面板中展开"音频效果"选项,在其中选择"消频"音频效果,如图 10-86 所示。

图 10-85　打开项目文件

图 10-86　选择"消频"音频效果

步骤 03 单击鼠标左键,并将其拖曳至 A1 轨道的音频素材上,释放鼠标左键,即可添加音频效果,如图 10-87 所示。

步骤 04 在"效果控件"面板展开"消频"选项,选中"旁路"复选框,设置"中心"为 200.0Hz,如图 10-88 所示,执行上述操作后,即可完成"消频"特效的制作。

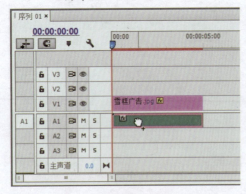

图 10-87　添加音频效果

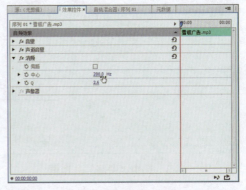

图 10-88　设置相应参数

10.3.7　制作高音特效

在 Premiere Pro CC 中,"高音"特效用于对素材音频中的高音部分进行处理,可以增加也可以衰减重音部分同时又不影响素材的其他音频部分。

步骤 01 在 Premiere Pro CC 界面中,按【Ctrl + O】组合键,打开项目文件(素材\第 10 章\心之束缚.prproj),如图 10-89 所示。

步骤 02 在"效果"面板中,选择"高音"选项,如图 10-90 所示。

步骤 03 单击鼠标左键,并将其拖曳至 A1 轨道的音频素材上,释放鼠标左键,即可添加"高音"特效,如图 10-91 所示。

步骤 04 在"效果控件"面板中展开"高音"选项,设置"提升"为 20.0dB,如图 10-92 所示,执行操作后,即可制作高音特效。

图 10-89　打开项目文件

图 10-90　选择"高音"选项

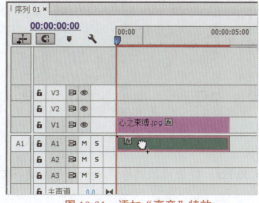

图 10-91　添加"高音"特效

图 10-92　设置参数值

10.3.8　制作低音特效

在 Premiere Pro CC 中，"低音"特效主要是用于增加或减少低音频率。下面介绍制作低音特效的操作方法。

步骤 01　在 Premiere Pro CC 界面中，按【Ctrl + O】组合键，打开项目文件（素材\第 10 章\音乐 5.prproj），如图 10-93 所示。

步骤 02　在"效果"面板中，选择"低音"选项，如图 10-94 所示。

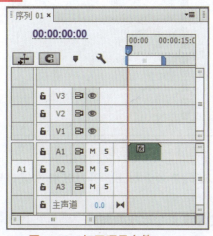

图 10-93　打开项目文件

图 10-94　选择"低音"选项

步骤 **03** 单击鼠标左键，并将其拖曳至 A1 轨道的音频素材上，释放鼠标左键，即可添加"低音"特效，如图 10-95 所示。

步骤 **04** 在"效果控件"面板中展开"低音"选项，设置"提升"为-10.0dB，如图 10-96 所示，执行操作后，即可制作低音特效。

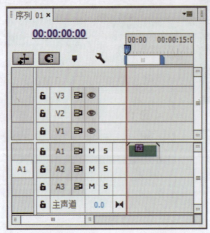

图 10-95 添加"低音"特效

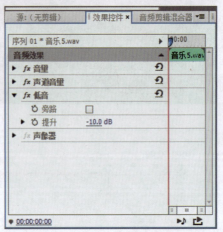

图 10-96 设置参数值

10.3.9 制作滴答声特效

在 Premiere Pro CC 中，滴答声（DeClicker）特效可以消除音频素材中的滴答噪音。下面介绍制作滴答声特效的操作方法。

步骤 **01** 在 Premiere Pro CC 界面中，按【Ctrl + O】组合键，打开项目文件（素材\第 10 章\音乐 7.prproj），如图 10-97 所示。

步骤 **02** 在"效果"面板中，选择"DeClicker"选项，如图 10-98 所示。

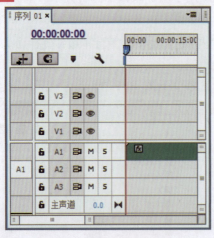

图 10-97 打开项目文件

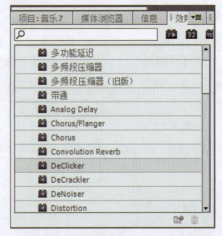

图 10-98 选择 DeClicker 选项

步骤 **03** 单击鼠标左键，并将其拖曳至 A1 轨道的音频素材上，释放鼠标左键，即可添加滴答声特效，如图 10-99 所示。

步骤 **04** 在"效果控件"面板中，单击"自定义设置"选项右侧的"编辑"按钮，如图 10-100 所示。

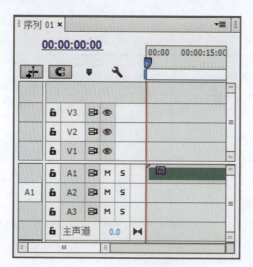

图 10-99　添加滴答声特效

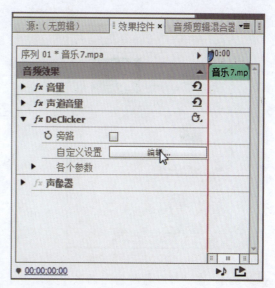

图 10-100　单击"编辑"按钮

步骤 **05**　弹出"剪辑效果编辑器"对话框，选中"Classj"单选按钮，如图 10-101 所示。执行操作后，即可制作滴答声特效。

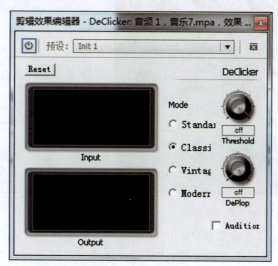

图 10-101　选中 Classj 单选按钮

10.3.10　制作低通特效

在 Premiere Pro CC 中，"低通"特效主要是用于去除音频素材中的高频部分。下面介绍制作低通特效的操作方法。

步骤 **01**　在 Premiere Pro CC 界面中，按【Ctrl + O】组合键，打开项目文件（素材\第 10 章\功夫小子.prproj），如图 10-102 所示。

步骤 **02**　在"项目"面板中选择"功夫小子.jpg"素材文件，并将其添加到"时间轴"面板中的 V1 轨道上，如图 10-103 所示。

图 10-102　打开项目文件

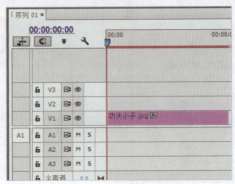

图 10-103　添加素材文件

步骤 03 在"节目监视器"面板中可以查看素材画面,如图 10-104 所示。

步骤 04 将"功夫小子.mp3"素材文件添加到"时间轴"面板中的 A1 轨道上,如图 10-105 所示。

图 10-104　查看素材画面

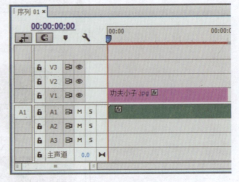

图 10-105　添加素材文件

步骤 05 拖曳时间指示器至 00:00:05:00 的位置,使用剃刀工具分割 A1 轨道上的素材文件,运用选择工具选择 A1 轨道上第 2 段音频素材文件并删除,如图 10-106 所示。

步骤 06 选择 A1 轨道上的素材文件,在"效果"面板中展开"音频效果"选项,双击"低通"选项,如图 10-107 所示,即可为选择的素材添加"低通"音频效果。

步骤 07 拖曳时间指示器至开始位置,在"效果控件"面板中展开"低通"选项,单击"屏蔽度"选项左侧的"切换动画"按钮,如图 10-108 所示,添加一个关键帧。

步骤 08 将时间指示器拖曳至 00:00:03:00 的位置,设置"屏蔽度"为 300.0Hz,如图 10-109 所示,单击"播放-停止切换"按钮,试听低通特效。

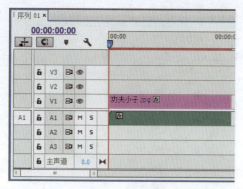

图 10-106　删除素材文件

图 10-107　双击"低通"选项

图 10-108　单击"切换动画"按钮

图 10-109　设置"屏蔽度"参数

本章小结

音乐的魅力是无限的，它在影片文件中有着非常关键的作用，可以烘托主题，渲染影片气氛，带动观众情绪，引导观众置身于场景角色之中。本章详细讲解了在 Premiere Pro CC 中音频文件的操作技巧，包括添加音频文件、删除音频文件、分割音频文件、添加音频轨道、调整音频持续时间、设置音效的属性以及制作常用音频特效等操作方法。学完本章，读者可以熟练掌握背景音频文件的添加和音频效果的编辑。

课后习题

鉴于本章知识的重要性，为了帮助读者更好地掌握所学知识，本节将通过上机习题，帮助读者巩固和强化前面所学内容，再次提升读者的应用能力。

本习题需要掌握在"时间轴"面板中删除音频文件的方法，效果如图 10-110 所示。

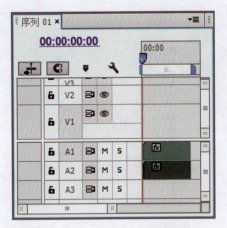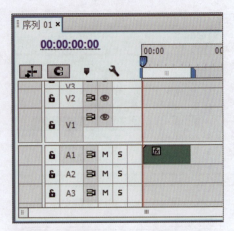

图 10-110　在"时间轴"面板中删除音频文件

第 11 章　设置与导出视频文件

【本章导读】

在 Premiere Pro CC 中，当用户完成一段影视内容的编辑，并且对编辑的效果感到满意时，用户可以将其输出成各种不同格式的文件。在导出视频文件时，用户需要对视频的格式、预设、输出名称和位置以及其他选项进行设置。本章主要介绍如何设置影片输出的参数，并输出成各种不同格式的文件。

【本章重点】

➢ 设置视频与音频输出参数
➢ 导出视频与音频媒体文件
➢ 导出视频与音频媒体文件

11.1　设置视频与音频输出参数

在导出视频文件时，用户需要对视频的格式、预设、输出名称和位置以及其他选项进行设置，本节将介绍"导出设置"对话框以及导出视频所需要设置的参数。

11.1.1　预览视频区域

视频预览区域主要用来预览视频效果，下面介绍设置视频预览区域的操作方法。

步骤 01　在 Premiere Pro CC 界面中，按【Ctrl + O】组合键，打开项目文件（素材\第 11 章\鲜花绽放.prproj），如图 11-1 所示。

步骤 02　执行"文件"|"导出"|"媒体"命令，如图 11-2 所示。

图 11-1　打开项目文件

图 11-2　媒体命令

步骤 **03** 即可弹出"导出设置"对话框，拖曳窗口底部的"当前时间指示器"查看导出的影视效果，如图 11-3 所示。

步骤 **04** 单击对话框左上角的"裁剪输出视频"按钮，视频预览区域中的画面将显示 4 个调节点，拖曳其中的某个点，即可裁剪输出视频的范围，如图 11-4 所示。

图 11-3　查看影视效果　　　　图 11-4　裁剪视频范围

11.1.2　设置视频参数

"参数设置区域"选项区中的各参数决定着影片的最终效果，用户可以在这里设置视频参数，下面介绍设置视频参数的操作方法。

步骤 **01** 以上一节的素材为例，单击"格式"选项右侧的下三角按钮，在弹出的列表框中选择 MPEG4 作为当前导出的视频格式，如图 11-5 所示。

步骤 **02** 根据导出视频格式的不同，设置"预设"选项。单击"预设"选项右侧的下三角按钮，在弹出的列表框中选择 3GPP 352×288 H.263 选项，如图 11-6 所示。

图 11-5　设置导出格式　　　　图 11-6　选择相应选项

步骤 **03** 单击"输出名称"右侧的超链接，如图 11-7 所示。

步骤 **04** 弹出"另存为"对话框，设置文件名和存储位置，如图 11-8 所示，单击"保存"按钮，即可完成视频参数的设置。

图 11-7 单击超链接

图 11-8 设置文件名和储存位置

11.1.3 设置音频参数

通过 Premiere Pro CC，可以将素材输出为音频，接下来将介绍导出 MP3 格式的音频文件需要进行那些设置。

首先，需要在"导出设置"对话框中设置"格式"为 MP3，并设置"预设"为"MP3 256kbps 高质量"，如图 11-9 所示。接下来，用户只需要设置导出音频的文件名和保存位置，单击"输出名称"右侧的相应超链接，弹出"另存为"对话框，设置文件名和存储位置，如图 11-10 所示。单击"保存"按钮，即可完成音频参数的设置。

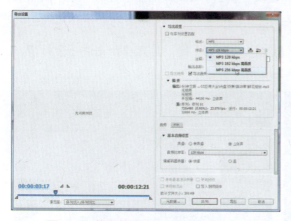

图 11-9 单击超链接

图 11-10 设置文件名和储存位置

11.1.4 设置滤镜输出参数

在 Premiere Pro CC 中，用户还可以为需要导出的视频添加"高斯模糊"滤镜效果，让画面效果产生朦胧的模糊效果。

设置滤镜参数的具体方法是：首先，用户需要设置导出视频的"格式"为 AVI。接下来，切换至"滤镜"选项卡，选中"高斯模糊"复选框，设置"模糊度"为 11、"模糊尺寸"为"水平和垂直"，如图 11-11 所示。

设置完成后，用户可以在"视频预览区域"中单击"导出"标签，切换至"输出"选项卡，查看输出视频的模糊效果，如图 11-12 所示。

图 11-11　设置"滤镜"参数　　　　　　　　　　　图 11-12　查看模糊效果

11.2　导出视频与音频媒体文件

随着视频文件格式的增加，Premiere Pro CC 会根据所选文件的不同，调整不同的视频输出选项，以便用户更为快捷地调整视频文件的设置，本节主要介绍影视的导出方法。

11.2.1　导出编码文件

编码文件就是现在常见的 AVI 格式文件，这种文件格式的文件兼容性好、调用方便、图像质量好。下面介绍导出编码文件的操作方法。

步骤 01 在 Premiere Pro CC 界面中，按【Ctrl + O】组合键，打开项目文件（素材\第11 章\星空轨迹.prproj），如图 11-13 所示。

图 11-13　打开项目文件

步骤 02 执行"文件"|"导出"|"媒体"命令，如图 11-14 所示。

步骤 03 执行上述操作后，弹出"导出设置"对话框，如图 11-15 所示。

步骤 04 在"导出设置"选项区中设置"格式"为 AVI、"预设"为"NTSC DV 宽银幕"，如图 11-16 所示。

步骤 05　单击"输出名称"右侧的超链接,弹出"另存为"对话框,在其中设置保存位置和文件名,如图 11-17 所示。

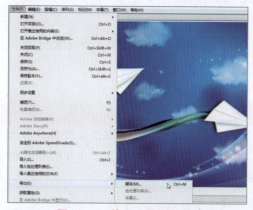

图 11-14　单击"媒体"命令

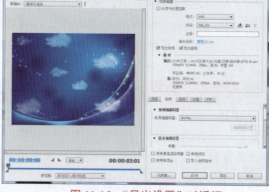

图 11-15　"导出设置"对话框

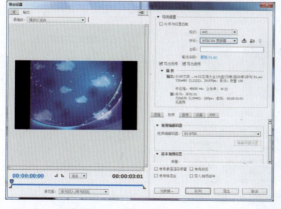

图 11-16　设置参数值

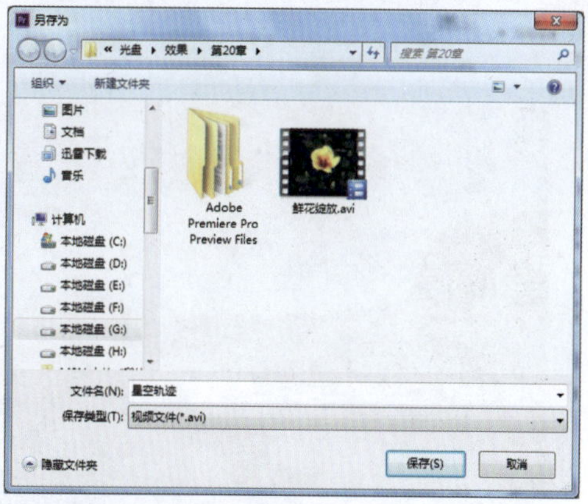

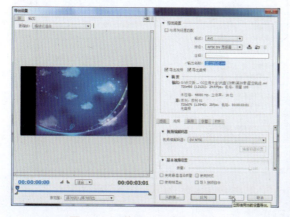

图 11-17　设置保存位置和文件名

步骤 06　设置完成后,单击"保存"按钮,然后单击对话框右下角的"导出"按钮,如图 11-18 所示。

步骤 07　执行上述操作后,弹出"编码 序列 01"对话框,开始导出编码文件,并显示导出进度,如图 11-19 所示,导出完成后,即可完成编码文件的导出。

图 11-18　单击"导出"按钮

图 11-19　显示导出进度

11.2.2 导出 EDL 文件

在 Premiere Pro CC 中，用户不仅可以将视频导出为编码文件，还可以根据需要将其导出为 EDL 视频文件。下面介绍导出 EDL 文件的操作方法。

步骤 01 在 Premiere Pro CC 界面中，按【Ctrl + O】组合键，打开项目文件（素材\第 11 章\高原冰川.prproj），如图 11-20 所示。

步骤 02 执行"文件"|"导出"|"EDL"命令，如图 11-21 所示。

> ▶ **专家指点**
> 在 Premiere Pro CC 中，EDL 是一种广泛应用于视频编辑领域的编辑交换文件，其作用是记录用户对素材的各种编辑操作。这样，用户便可以在所有支持 EDL 文件的编辑软件内共享编辑项目，或通过替换素材来实现影视节目的快速编辑与输出。

步骤 03 弹出"EDL 导出设置"对话框，单击"确定"按钮，如图 11-22 所示。

步骤 04 弹出"将序列另存为 EDL"对话框，设置文件名和保存路径，如图 11-23 所示。

图 11-20　打开项目文件

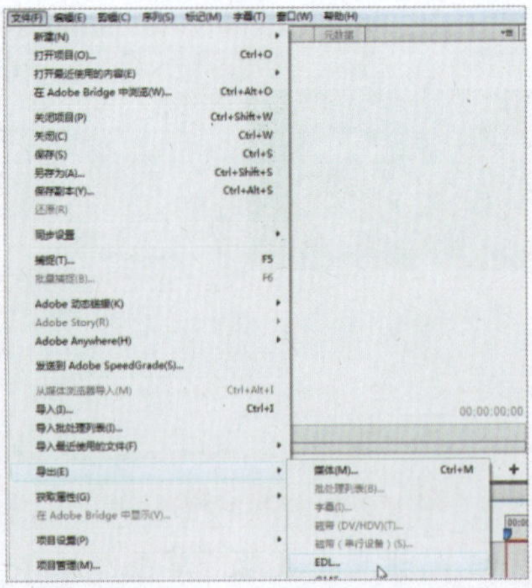

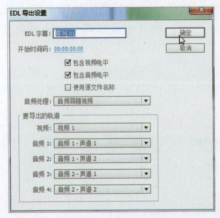

图 11-22　单击"确定"按钮

图 11-21　单击 EDL 命令

图 11-23　设置文件名和保存路径

步骤 05 单击"保存"按钮，即可导出 EDL 文件。

▶ 专家指点

EDL 文件在存储时只保留两轨的初步信息，因此在用到两轨道以上的视频时，两轨道以上的视频信息便会丢失。

11.2.3　导出 OMF 文件

在 Premiere Pro CC 中，OMF 是由 Avid 推出的一种音频封装格式，能够被多种专业的音频封装格式。下面介绍导出 OMF 文件的操作方法。

步骤 01 在 Premiere Pro CC 界面中，按【Ctrl + O】组合键，打开项目文件（素材\第 11 章\音乐 1.prproj），如图 11-24 所示。

步骤 02 执行"文件"｜"导出"｜"OMF"命令，如图 11-25 所示。

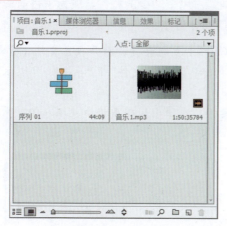

图 11-24　打开项目文件

图 11-25　单击"OMF"命令

步骤 03 弹出"OMF 导出设置"对话框，单击"确定"按钮，如图 11-26 所示。

步骤 04 弹出"将序列另存为 OMF"对话框，设置文件名和路径，如图 11-27 所示。

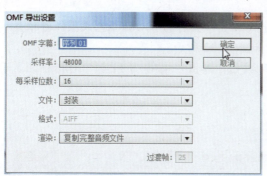

图 11-26　单击"确定"按钮

图 11-27　设置文件名和保存路径

步骤 05 单击"保存"按钮，弹出"将媒体文件导出到 OMF 文件夹"对话框，显示输出进度，如图 11-28 所示。

步骤 06 输出完成后，弹出"OMF 导出信息"对话框，显示 OMF 的输出信息，如图 11-29 所示，单击"确定"按钮即可。

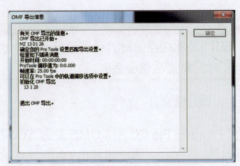

图 11-28　显示输出进度　　　　　　　　图 11-29　显示 OMF 导出信息

11.2.4　导出 MP3 音频文件

MP3 格式的音频文件凭借高采样率的音质，占用空间少的特性，成为了目前最为流行的一种音乐文件。下面介绍导出 MP3 文件的操作方法。

步骤 01 在 Premiere Pro CC 界面中，按【Ctrl + O】组合键，打开项目文件（素材\第11 章\音乐 2.prproj），如图 11-30 所示，执行"文件"|"导出"|"媒体"命令，弹出"导出设置"对话框。

步骤 02 单击"格式"选项右侧的下三角按钮，在弹出的列表框中选择 MP3 选项，如图 11-31 所示。

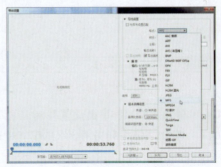

图 11-30　打开项目文件　　　　　　　　图 11-31　选择 MP3 选项

步骤 03 单击"输出名称"右侧的超链接，弹出"另存为"对话框，设置保存位置和文件名，单击"保存"按钮，如图 11-32 所示。

步骤 04 返回相应对话框，单击"导出"按钮，弹出"编码 序列 01"对话框，显示导出进度，如图 11-33 所示。

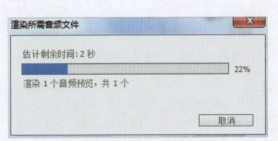

图 11-32　单击"保存"按钮　　　　　　　图 11-33　显示导出进度

步骤 **05**　导出完成后，即可完成 MP3 音频文件的导出。

11.2.5　导出 WAV 音频文件

在 Premiere Pro CC 中，用户不仅可以将音频文件转换成 MP3 格式，还可以将其转换为 WAV 格式的音频文件。下面介绍导出 WAV 文件的操作方法。

步骤 **01**　在 Premiere Pro CC 界面中，按【Ctrl + O】组合键，打开项目文件（素材\第11 章\音乐 3.prproj），如图 11-34 所示，执行"文件"|"导出"|"媒体"命令，弹出"导出设置"对话框。

步骤 **02**　单击"格式"选项右侧的下三角按钮，在弹出的列表框中选择"波形音频"选项，如图 11-35 所示。

图 11-34　打开项目文件

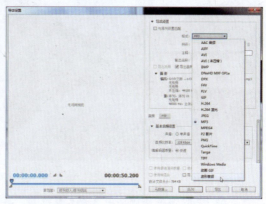
图 11-35　选择合适的选项

步骤 **03**　单击"输出名称"右侧的超链接，弹出"另存为"对话框，设置保存位置和文件名，单击"保存"按钮，如图 11-36 所示。

步骤 **04**　返回相应对话框，单击"导出"按钮，弹出"编码 序列 01"对话框，显示导出进度，如图 11-37 所示。

图 11-36　单击"保存"按钮

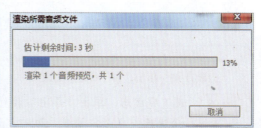
图 11-37　显示导出进度

步骤 **05**　导出完成后，即可完成 WAV 音频文件的导出。

11.2.6　转换视频文件格式

随着视频文件格式的多样化，许多文件格式无法在指定的播放器中打开，此时用户可以根据需要对视频文件格式进行转换。下面介绍转换视频文件格式的操作方法。

步骤 01　在 Premiere Pro CC 界面中，按【Ctrl + O】组合键，打开项目文件（素材\第 11 章\自然风光.prproj），如图 11-38 所示，执行"文件"|"导出"|"媒体"命令，弹出"导出设置"对话框。

步骤 02　单击"格式"选项右侧的下三角按钮，在弹出的列表框中选择 Windows Media 选项，如图 11-39 所示。

图 11-38　打开项目文件　　　　　　　　　　　　图 11-39　选择合适的选项

步骤 03　取消选中"导出音频"复选框，并单击"输出名称"右侧的超链接，如图 11-40 所示。

步骤 04　弹出"另存为"对话框，设置保存位置和文件名，单击"保存"按钮，如图 11-41 所示。

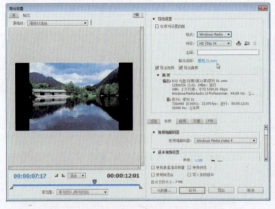

图 11-40　单击"输出名称"超链接　　　　　　　图 11-41　单击"保存"按钮

步骤 05　设置完成后，单击"导出"按钮，弹出"编码 序列 01"对话框，并显示导出进度，导出完成后，即可完成视频文件格式的转换。

11.2.7　导出 FLV 流媒体文件

随着网络的普及，可以将制作的视频导出为 FLV 流媒体文件，然后再将其上传到网络中。下面介绍导出 PLV 流媒体文件的操作方法。

步骤 01 在 Premiere Pro CC 界面中，按【Ctrl + O】组合键，打开项目文件（素材\第 11 章\情人节快乐.prproj），如图 11-42 所示，执行"文件"|"导出"|"媒体"命令，弹出"导出设置"对话框。

步骤 02 单击"格式"右侧的下三角按钮，在弹出的列表框中，选择 FLV 选项，如图 11-43 所示。

图 11-42　打开项目文件　　　　　　　图 11-43　选择 FLV 选项

步骤 03 单击"输出名称"右侧的超链接，弹出"另存为"对话框，设置保存位置和文件名，如图 11-44 所示。

步骤 04 单击"保存"按钮，设置完成后，单击"导出"按钮，弹出"编码 序列 01"对话框，并显示导出进度，如图 11-45 所示。

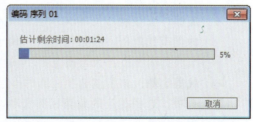

图 11-44　设置文件名和保存路径　　　　图 11-45　显示导出进度

步骤 05 导出完成后，即可完成 FLV 流媒体文件的导出。

▶ 专家指点

在 Premiere Pro CC 中的"导出设置"窗口中，切换至"源"选项卡，通过拖曳视频预览区域画面中显示的 4 个调节点，可以裁剪输出视频的范围，除此之外，还可以通过设置预览区域上方的各项参数来裁剪输出视频的范围，如图 11-46 所示。

图 11-46　设置裁剪输出视频的范围参数

在预览区域上方的各项参数的含义如下。

➤ **左侧：** 在该项右侧的文本框中输入相应参数，即可调节预览区域画面中左侧的调节线范围，参数值越大，调节线向右缩小画面范围，参数值越小，调节线则向左扩大画面范围。

➤ **顶部：** 在该项右侧的文本框中输入相应参数，即可调节预览区域画面中最上方的调节线范围，参数值越大，调节线则向下缩小画面范围，参数值越小，调节线则向上扩大画面范围。

➤ **右侧：** 在该项右侧的文本框中输入相应参数，即可调节预览区域画面中右方的调节线范围，参数值越大，调节线则向左边缩小画面范围，参数值越小，调节线则向右边扩大画面范围。

➤ **底部：** 在该项右侧的文本框中输入相应参数，即可调节预览区域画面中最下方的调节线范围，参数值越大，调节线则向上方缩小画面范围，参数值越小，调节线则向下方扩大画面范围。

➤ **裁剪比例：** 单击该选项右侧的下拉按钮，在弹出的选项列表中有 11 个裁剪比例选项，选择相应的裁剪比例选项，下方的裁剪区域则转变为相应的裁剪比例，用户拖曳调节点时，裁剪区域呈比例大小进行扩缩。

本章小结

　　本章主要介绍了在 Premiere Pro CC 中，将效果文件导出为不同格式的视频文件的操作方法，其中包括预览视频区域、设置视频参数、设置音频参数、设置滤镜输出参数、编码文件的导出、EDL 文件的导出、OMF 文件的导出、MP3 音频文件的导出、WAV 音频文件的导出以及视频文件格式的转换等内容。学完本章内容后，可以结合前面所学知识，将自己制作的效果文件，完整地导出为视频文件。

课后习题

　　鉴于本章知识的重要性，为了帮助读者更好地掌握所学知识，本节将通过上机习题，帮助读者巩固和强化前面所学内容，再次提升读者的应用能力。
　　本习题需要掌握导出视频为 JPEG 文件的方法，效果如图 11-47 所示。

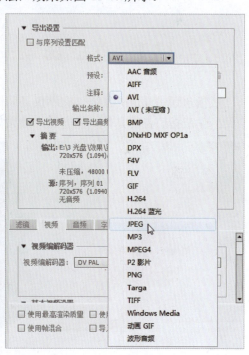

图 11-47　导出视频为 JPEG 文件

第 12 章　制作影视广告效果实例

【本章导读】

随着影视行业的不断发展，影视广告的宣传手段也逐渐从单纯的平面宣传模式走向了多元化的多媒体宣传方式。视频广告的出现，比静态图像更具商业化。本章将重点介绍三个综合案例，帮助用户使用 Premiere Pro CC 时更加得心应手。

【本章重点】

➢ 制作《戒指广告》
➢ 制作《真爱一生》
➢ 制作《金色童年》

12.1　商业视频：制作《戒指广告》

戒指永远是爱情的象征，它不仅是装饰自身的物件，更是品味的体现。本实例主要介绍制作戒指广告的具体操作方法，效果如图 12-1 所示。

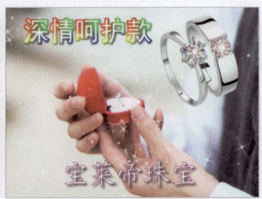

图 12-1　戒指广告效果

12.1.1　导入广告素材文件

用户在制作宣传广告前，首选需要一个合适的背景图片，这里选择了一张戒指的场景图作为背景，可以为整个广告视频增加浪漫的氛围，在选择背景图像后，用户可以导入分层图像，以增添戒指广告的特色性。下面介绍导入广告素材的操作方法。

步骤 01 新建一个名为"戒指广告"的项目文件，单击"确定"按钮，如图 12-2 所示。

步骤 02 新建一个序列，执行"文件"|"导入"命令，弹出"导入"对话框，在其中选择合适的素材图像（素材\第 12 章\戒指广告\图片 1.JPG、图片 2.psd、图片 3.png），如图 12-3 所示。

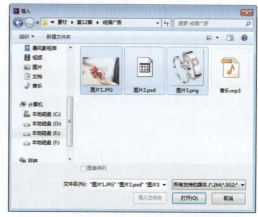

图 12-2　单击"确定"按钮 　　　　　　图 12-3　选择合适的素材图像

步骤 03 单击对话框下方的"打开"按钮，弹出"导入分层文件：图片 2"对话框，单击"确定"按钮，即可将选择的图像文件导入到"项目"面板中，如图 12-4 所示。

步骤 04 将导入的图像文件，依次拖曳至"时间轴"面板中的 V1、V2 和 V3 轨道上，如图 12-5 所示。

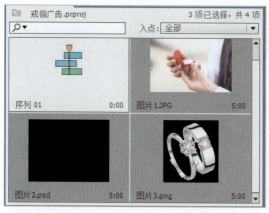

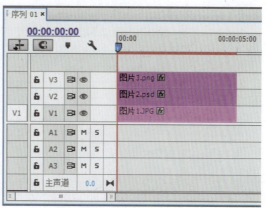

图 12-4　导入到"项目"面板中 　　　　图 12-5　拖曳至轨道中

步骤 05 选择 V1 轨道中的素材文件，展开"效果控件"面板，设置"缩放"为 16.0，如图 12-6 所示。

步骤 06 在"节目监视器"面板中单击"播放-停止切换"按钮，即可预览图像效果，如图 12-7 所示。

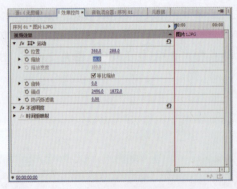

图 12-6　设置"缩放"为 16.0　　　　　　　图 12-7　预览图像效果

▶ 专家指点

在戒指宣传广告中不能缺少戒指，否则不能体现出戒指广告的主题。因此，用户在选择素材文件时，需要结合主题意境，以求达到最好的视频效果。

12.1.2　制作戒指广告背景

在 Premiere Pro CC 中，制作广告视频文件时，可以为影像添加背景素材，静态背景不免会显得过于呆板，闪光背景可以为静态的背景图像增添动感效果，让背景更加具有吸引力，用户还可以在"效果面板"中通过"不透明度"关键帧，为"戒指"素材添加出一种若隐若现的效果，以体现出朦胧感。下面介绍制作动态的戒指广告背景的操作方法以及制作闪光背景的操作方法。

步骤 01 选择 V2 轨道中的素材文件，在"效果控件"面板中，单击"缩放"和"旋转"左侧的"切换动画"按钮，添加第一组关键帧，如图 12-8 所示。

步骤 02 将时间调整至 00:00:04:00 处，设置"缩放"为 120.0、"旋转"为 50.0°，添加第二组关键帧，如图 12-9 所示。

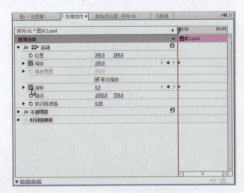

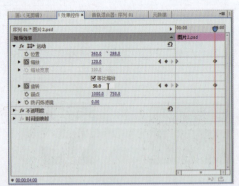

图 12-8　添加第一组关键帧　　　　　　　图 12-9　添加第二组关键帧

步骤 03 将时间线移至开始位置处，选择"时间轴"面板中 V3 轨道中的素材文件，如图 12-10 所示。

步骤 04 展开"效果控件"面板，在其中设置"位置"分别为 550.0 和 160.0，"缩放"为 80，如图 12-11 所示。

图 12-10　选择 V3 轨道中的素材文件

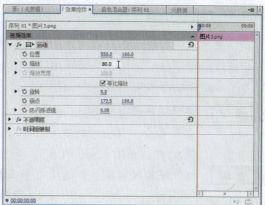

图 12-11　设置"位置"和"缩放"参数

步骤 05　设置完成后，单击"不透明度"左侧的"切换动画"按钮，设置参数为 0.0%，添加一个关键帧，如图 12-12 所示。

步骤 06　将时间线调整至 00:00:01:15 位置，设置"不透明度"为 100.0%，添加关键帧，如图 12-13 所示，即可制作若隐若现效果。

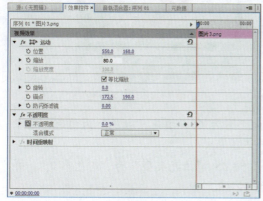

图 12-12　设置参数

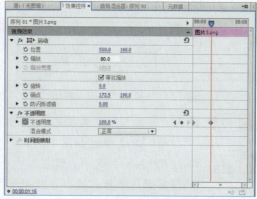

图 12-13　添加关键帧

步骤 07　在"节目监视器"面板中单击"播放-停止切换"按钮，即可预览图像效果，如图 12-14 所示。

图 12-14　预览图像效果

12.1.3　制作广告字幕特效

　　当用户完成了对戒指广告背景的所有编辑操作后，最后将为广告画面添加产品的店名和宣传语等信息，这样才能体现出广告的价值。添加字幕效果后，可以根据个人的爱好为字幕添加动态效果。下面介绍制作广告字幕特效的操作方法。

步骤 01　将时间线调整至 00:00:00:10 处，单击 "字幕" | "新建字幕" | "默认静态字幕" 命令，弹出 "新建字幕" 对话框，单击 "确定" 按钮，即可新建一个字幕文件，如图 12-15 所示。

步骤 02　打开字幕编辑窗口，选择文字工具，单击鼠标左键，在文本框中，输入文字 "深情呵护款"，如图 12-16 所示。

图 12-15　单击 "确定" 按钮

图 12-16　输入文字

步骤 03　设置 "字体系列" 为黑体、"字体大小" 为 65、填充 "颜色" 为白色，选中 "阴影" 复选框，如图 12-17 所示。

步骤 04　添加 "外描边" 选项，设置 "大小" 为 35、"填充类型" 为 "四色渐变"，并调整其颜色参数，其字幕效果如图 12-18 所示。

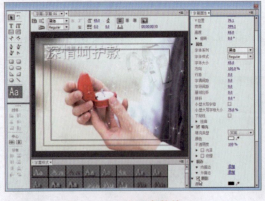

图 12-17　设置参数值

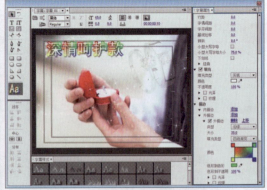

图 12-18　设置参数值后的字幕效果

步骤 05　关闭字幕编辑窗口，将创建的字幕文件添加至 "V4" 轨道的合适位置，并调整其长度，如图 12-19 所示。

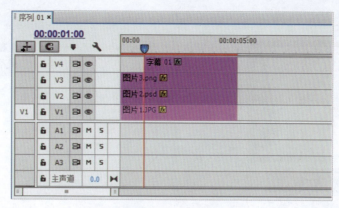

图 12-19　添加字幕文件

步骤 06　选择字幕 01，展开"效果控件"面板，单击"缩放"和"不透明度"左侧的"切换动画"按钮，设置"缩放"和"不透明度"均为 0，添加关键帧，如图 12-20 所示。

步骤 07　将时间线拖曳至 00:00:04:00 位置，设置"缩放"和"不透明度"均为 100，添加关键帧，如图 12-21 所示，即可设置字幕运动。

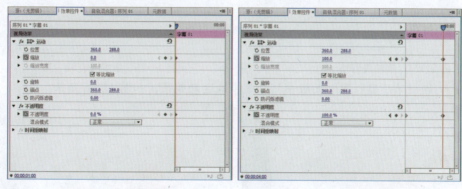

图 12-20　添加关键帧　　　　图 12-21　添加关键帧

步骤 08　新建一个字幕文件，打开字幕编辑窗口，单击鼠标左键，在文本框中，输入文字"宝莱帝珠宝"，设置"字体系列"为楷体、"字体大小"为 70、"颜色"为白色，选中"阴影"复选框，添加"外描边"选项，设置"颜色"的 RGB 参数为 121、7、89，调整字幕的位置，其字幕效果如图 12-22 所示。

步骤 09　关闭字幕编辑窗口，将创建的字幕文件添加至 V5 轨道的开始位置处，并调整其长度，选择 V5 轨道中的字幕文件，展开"效果控件"面板，单击"缩放"和"不透明度"左侧的"切换动画"按钮，设置"缩放"和"不透明度"均为 0，添加关键帧，如图 12-23 所示。

步骤 10　将时间线拖曳至 00:00:01:15 位置，设置"缩放"为 50.0、"不透明度"为 50.0%，添加关键帧，如图 12-24 所示。

步骤 11　将时间线拖曳至 00:00:02:16 位置，设置"缩放"和"不透明度"均为 100，如图 12-25 所示。

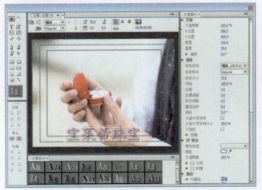

图 12-22　设置"外描边"效果

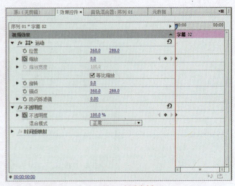

图 12-23　添加关键帧（1）

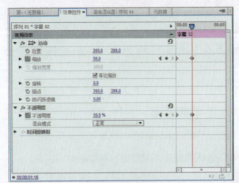

图 12-24　添加关键帧（2）

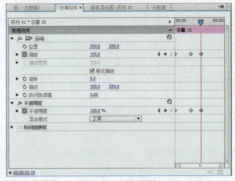

图 12-25　添加关键帧（3）

步骤 12　在"节目监视器"面板中，预览字幕运动效果，如图 12-26 所示。

图 12-26　预览字幕运动效果

12.1.4　戒指广告的后期处理

在 Premiere Pro CC 中制作完戒指广告的整体效果后，为了增加影片的震撼效果，可以为广告添加音频效果，音频添加完成后，即可保存输出视频文件。下面介绍后期处理戒指广告的操作方法。

步骤 01　执行"文件" | "导入"命令，弹出"导入"对话框，在弹出的对话框中，选择合适的音乐文件，单击"打开"按钮，如图 12-27 所示，即可将选择的音乐文件导入到"项目"面板中。

步骤 02　选择导入的"音乐"素材，将其添加至 A1 轨道上，并调整音乐的长度，为 00:00:05:00，如图 12-28 所示。

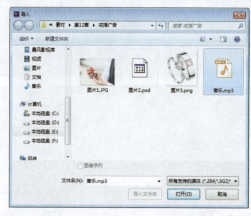

图 12-27　单击"打开"按钮

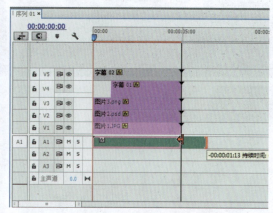

图 12-28　调整音乐的长度

步骤 03　在"效果"面板中，展开"音频过渡" | "交叉淡化"选项，选择"恒定功率"选项，如图 12-29 所示。

步骤 04　单击鼠标左键并将其拖曳至 A1 轨道上的音乐素材的开始处和结尾处，添加音频特效，如图 12-30 所示，即可完成戒指广告的后期处理，制作完成后，按【Ctrl+S】组合键，即可保存制作的视频文件。

图 12-29　选择"恒定功率"选项

图 12-30　添加音频特效

12.2 婚纱影像：制作《真爱一生》

在制作婚纱影像之前，首先带领读者预览婚纱影像视频的画面效果，如图 12-31 所示，本节将详细介绍制作婚纱影像的片头效果、动态效果、片尾效果以及编辑与输出视频后期等操作方法，帮助读者更好地掌握影像制作。

图 12-31 案例效果

12.2.1　制作婚纱影像片头效果

随着数码科技的不断发展和数码相机进一步的普及，人们逐渐开始为婚纱影像制作绚丽的片头，让原本单调的婚纱效果更加丰富。下面介绍制作婚纱片头效果的操作方法。

步骤 01 在 Premiere Pro CC 界面中，按【Ctrl + O】组合键，打开项目文件（素材\第 12 章\真爱一生\真爱一生.prproj），在"项目"面板中将"视频 1.avi"素材文件拖曳至 V1 轨道中，如图 12-32 所示，并设置其"持续时长"为 00:00:10:00。

步骤 02 新建一个名为《真爱一生》的字幕文件，在字幕编辑窗口中选择文字工具，在面板中单击鼠标左键，即可新建一个字幕文本框，在其中输入项目主题"《真爱一生》"，如图 12-33 所示。

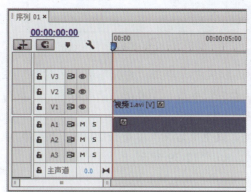
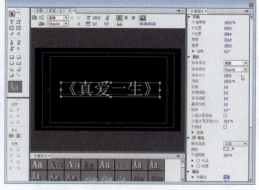

图 12-32　添加素材文件　　　　　图 12-33　输入项目主题

步骤 03 设置字幕文件的"字体系列"为"方正大标宋简体"，"字体大小"为 85，并调整位置，如图 12-34 所示。

步骤 04 在"字幕属性"面板中，单击"填充"选项区下方的颜色色块，在弹出的"拾色器"窗口中设置 RGB 为（246、237、6），单击"确定"按钮，然后添加"外描边"选项，单击颜色色块，在弹出的"拾色器"窗口中设置 RGB 为（238、20、20），单击"确定"按钮，设置"类型"为"边缘""大小"为 10.0，然后选中"阴影"复选框，在"阴影"下方的选项区中，设置"距离"为 7.0、"大小"为 30.0，如图 12-35 所示。

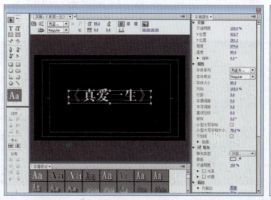
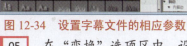
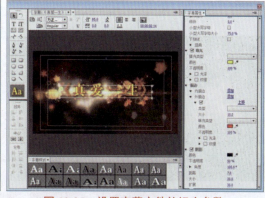

图 12-34　设置字幕文件的相应参数　　　图 12-35　设置字幕文件的相应参数

步骤 05 在"变换"选项区中，设置"位置"为（523.0、281.0），如图 12-36 所示。

步骤 06 执行操作后，关闭编辑窗口，并将字幕文件添加至 V2 轨道中的开始位置处，然后在"效果"面板中展开"视频效果"|"变换"面板，选择"裁剪"选项，如图 12-37 所示，双击鼠标左键，即可为字幕文件添加"裁剪"特效。

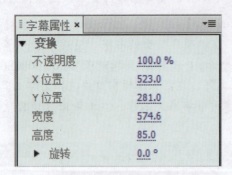

图 12-36　设置"位置"参数　　　　　　图 12-37　选择"裁剪"选项

步骤 07 在"效果控件"面板中的"裁剪"选项区中，单击"右侧"和"底对齐"左侧的"切换动画"按钮，并设置"右侧"参数为 100.0%、"底对齐"参数为 100.0%，添加第一组关键帧，如图 12-38 所示。

步骤 08 将时间线调整至 00:00:04:00 位置处，设置"右侧"参数为 20.0%、"底对齐"参数为 10.0%，添加第二组关键帧，如图 12-39 所示。

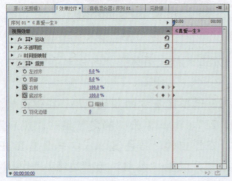

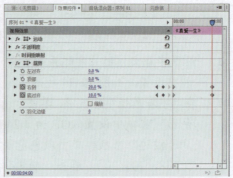

图 12-38　添加第一组关键帧　　　　　　图 12-39　添加第二组关键帧

步骤 09 在"节目监视器"面板中，单击"播放-停止切换"按钮，即可预览婚纱影像片头效果，如图 12-40 所示。

图 12-40　预览片头效果

12.2.2　制作婚纱影像动态效果

　　婚纱影像是以照片预览为主的视频动画，因此用户需要准备大量的婚纱照片作为制作婚纱影像视频素材，并为照片添加相应动态效果，制作出精美的婚纱影像。下面介绍制作婚纱影像动态效果的操作方法。

步骤 01　在"项目"面板中，选择并拖曳"视频 2.avi"素材文件至 V1 轨道中的合适位置处，添加背景素材，如图 12-41 所示，并设置时长为 00:00:44:13。

步骤 02　在 A1 轨道中，取消链接的音频文件并删除，在"项目"面板中，选择并拖曳素材文件至 V2 轨道中的合适位置处，设置"持续时长"为 00:00:04:00，如图 12-42 所示，选择添加的素材文件。

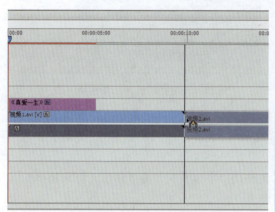

图 12-41　添加背景素材

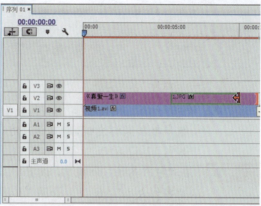

图 12-42　设置"持续时长"

步骤 03　调整时间线至 00:00:05:00 位置处，在"效果控件"面板中，"位置"和"缩放"左侧的"切换动画"按钮，并设置"位置"为（360.0、288.0）、"缩放"为 60.0，添加第一组关键帧，如图 12-43 所示。

步骤 04　调整时间线至 00:00:07:13 位置处，设置"位置"为（360.0、320.0）、"缩放"为 80.0，添加第二组关键帧，如图 12-44 所示。

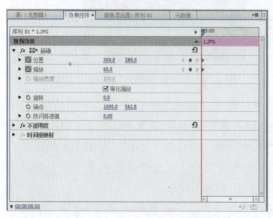

图 12-43　添加第一组关键帧

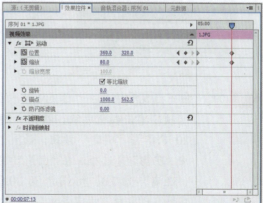

图 12-44　添加第二组关键帧

步骤 **05** 在"效果"面板中展开"视频过渡"|"溶解"选项，选择"交叉溶解"特效，如图 12-45 所示。

步骤 **06** 拖曳"交叉溶解"特效至 V2 轨道中的 1.jpg 素材上，并设置时长与图像素材一致，如图 12-46 所示。

图 12-45　选择"交叉溶解"特效　　　　　图 12-46　设置时长与图像素材一致

步骤 **07** 新建一个"美丽优雅"的字幕文件，在字幕编辑窗口中选择文字工具，在面板中单击鼠标左键，新建一个字幕文本框，在其中输入标题字幕"美丽优雅"，如图 12-47 所示。

步骤 **08** 在"字幕属性"面板中，设置字幕文件的"字体系列"为"方正大标宋简体"，"字体大小"为 71，如图 12-48 所示。

图 12-47　输入标题字幕　　　　　图 12-48　设置字幕文件的相应参数

步骤 **09** 向下拖曳滑块，在"填充"选项区中，设置"颜色"为白色，添加"外描边"选项，单击颜色色块，在弹出的"拾色器"窗口中设置 RGB 为（238、20、20），单击"确定"按钮，设置"类型"为"边缘""大小"为 30.0，然后选中"阴影"复选框，在"阴影"下方的选项区中，设置"不透明度"为 100%、"距离"为 7.0、"大小"为 20.0，如图 12-49 所示。

步骤 **10** 关闭编辑窗口，将字幕文件添加至 V3 轨道中，并设置时长与 1.jpg 一致，在"效果控件"面板中，设置"位置"参数为（-40.0、50.0），单击"位置"和"不透明度"左侧的"切换动画"按钮，并设置"不透明度"参数为 70.0%，添加第一组关键帧，如图 12-50 所示。

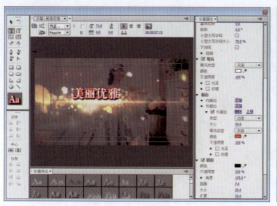

图 12-49　设置字幕文件的相应参数

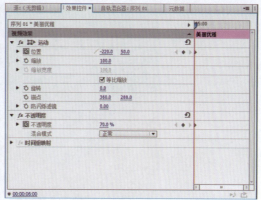

图 12-50　添加第一组关键帧

步骤 11　将时间线调整至 00:00:07:13 位置处，设置"位置"参数为（230.0、160.0）、"不透明度"参数为 100.0%，添加第二组关键帧，如图 12-51 所示。

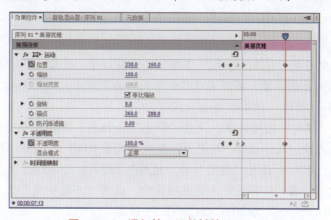

图 12-51　添加第二组关键帧

步骤 12　同上一种方法，在"项目"面板中，依次选择 2.jpg~10.jpg 图像素材，并拖曳至 V2 轨道中的合适位置处，设置运动效果，并添加"交叉溶解"特效以及字幕文件，"时间轴"面板效果如图 12-52 所示。

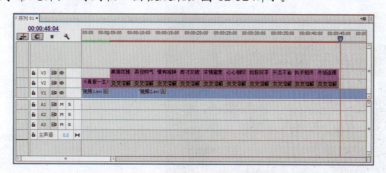

图 12-52　"时间轴"面板效果

步骤 13　在"节目监视器"面板中，单击"播放-停止切换"按钮，即可预览婚纱影像动态效果，如图 12-53 所示。

图 12-53　效果展示

12.2.3　制作婚纱影像片尾效果

在 Premiere Pro CC 中，当婚纱影像的基本编辑接近尾声时，便可以开始制作影像视频的片尾了，下面主要为婚纱影像视频的片尾添加字幕效果，点明视频的主题。

步骤 01　新建一个"片尾"字幕，在字幕编辑窗口中，新建一个字幕文本框，在其中输入片尾字幕，并设置"字体系列"为"方正大标宋简体"，"字体大小"为55、"行距"为40，如图 12-54 所示。

步骤 02　在"填充"选项区中，设置"颜色"为白色，添加"外描边"选项，单击颜色色块，在弹出的"拾色器"窗口中设置 RGB 为（238、20、20），单击"确定"按钮，设置"类型"为"边缘""大小"为 30.0，然后选中"阴影"复选框，在"阴影"下方的选项区中，设置"不透明度"为100%、"距离"为7.0、"大小"为 20.0，如图 12-55 所示。

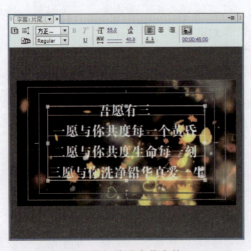

图 12-54　添加片尾字幕文件

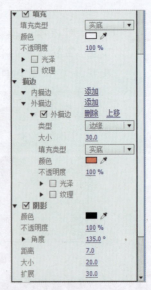

图 12-55　设置字幕文件的相应参数

步骤 03　在"时间轴"面板中选择添加的字幕文件，调整至合适位置并设置持续时长为 00:00:09:13，如图 12-56 所示。

步骤 04　将时间线调整至 00:00:45:00 位置处，在"效果控件"面板中，单击"位置"左侧的"切换动画"按钮，并设置"位置"参数为（360.0、760.0），添加第一组关键帧，如图 12-57 所示。

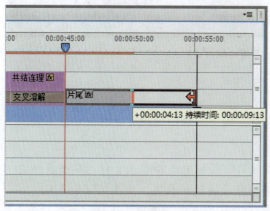

图 12-56　调整持续时长

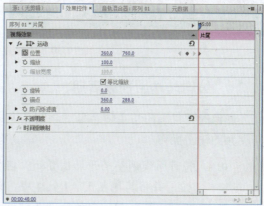

图 12-57　添加第一组关键帧

步骤 05　将时间线调整至 00:00:48:00 位置处，设置"位置"参数为（360.0、288.0），添加第二组关键帧；然后在 00:00:51:00 位置处，设置相同的参数，添加第三组关键帧，如图 12-58 所示。

步骤 06　将时间线调整至 00:00:54:10 位置处，设置"位置"参数为（360.0、-170.0），添加第四组关键帧，如图 12-59 所示。

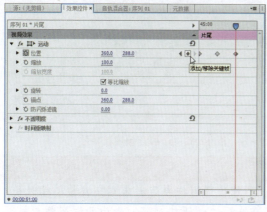
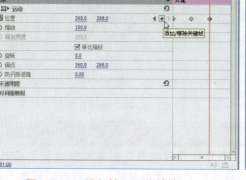

图 12-58　添加第三组关键帧

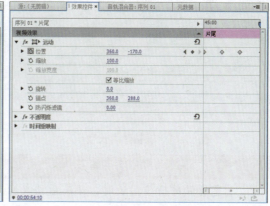

图 12-59　添加第四组关键帧

▶ 专家指点

在 Premiere Pro CC 中，当两组关键帧的参数值相一致时，可直接复制前一组关键帧，在相应位置处粘贴即可添加下一组关键帧。

步骤 07　在"节目监视器"面板中，单击"播放-停止切换"按钮，即可预览婚纱影像片尾效果，如图 12-60 所示。

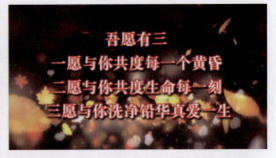

图 12-60　预览婚纱影像片尾效果

12.2.4　编辑与输出视频后期

影像的背景画面与主体字幕动画制作完成后，接下来介绍视频后期的背景音乐编辑与视频的输出操作。

步骤 01　将时间线调整至开始位置处，在"项目"面板中选择音乐素材，单击鼠标左键，并将其拖曳至 A1 轨道中，调整音乐的时间长度，如图 12-61 所示。

步骤 02　在"效果"面板中展开"音频过渡"|"交叉淡化"选项，选择"恒定功率"特效，单击鼠标左键，并将其拖曳至音乐素材的起始点与结束点，添加音频过渡特效，如图 12-62 所示。

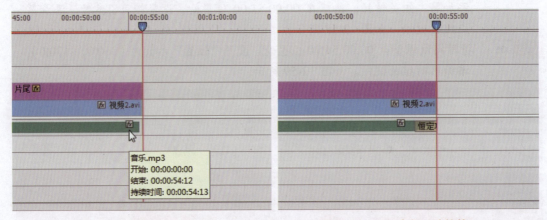

图 12-61　调整时间长度　　　　　图 12-62　添加音频过渡特效

> ▶ **专家指点**
>
> 调整音频的持续时长时，如果音频太长，不建议通过拖曳音频末端来调整持续时长，最快的方法是使用工具箱中的"剃刀工具"，在合适的位置将视频剪辑为两端音频素材，然后删除后面不需要的部分即可。

步骤 03　按【Ctrl + M】组合键，弹出"导出设置"对话框，单击"输出名称"右侧的"序列 01.avi"超链接，如图 12-63 所示。

步骤 04　弹出"另存为"对话框，在其中设置视频文件的保存位置和相应文件名，单击"保存"按钮，返回"导出设置"界面，单击对话框右下角的"导出"按钮，如图 12-64 所示，弹出"渲染所需音频文件"和"编码"对话框，开始渲染音频导出编码文件，并显示导出进度，即可导出婚纱影像视频。

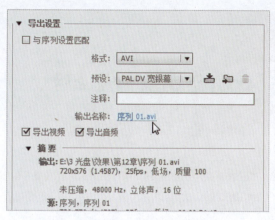

图 12-63　单击"序列 01.avi"

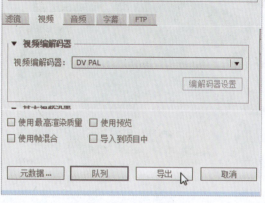

图 12-64　单击"导出"按钮

12.3　儿童成长：制作《金色童年》

　　儿童生活相册的制作过程主要包括在 Premiere Pro CC 中新建项目并创建序列，导入需要的素材，然后将素材分别添加至相应的视频轨道中，使用相应的素材制作相册片头效果，制作美观的字幕并创建关键帧，添加相片素材至相应的视频轨道中，添加合适的视频过渡并制作相片运动效果，制作出精美的动感相册效果，最后制作相册片尾，添加背景音乐，输出视频，即可完成儿童生活相册的制作。《金色童年》画面效果如图 12-65 所示。

图 12-65　儿童生活相册效果

12.3.1　制作儿童相册片头效果

制作儿童生活相册的第一步，就是制作出能够突出相册主题、形象绚丽的相册片头效果。下面介绍制作相册片头效果的操作方法。

步骤 01 在 Premiere Pro CC 界面中，按【Ctrl + O】组合键，打开项目文件（素材\第12章\金色童年.prproj），在"项目"面板中将"片头.wmv"素材文件拖曳至 V1 轨道中，如图 12-66 所示，并设置其"持续时长"为 00:00:05:00。

步骤 02 新建一个"金色童年"字幕，在面板画面中单击鼠标左键，即可新建一个字幕文本框，在其中输入项目主题"金色童年"，如图 12-67 所示。

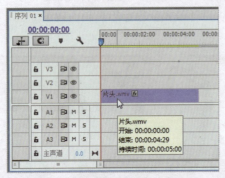

图 12-66　拖曳素材文件至 V1 轨道中

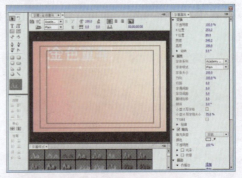

图 12-67　输入项目主题

步骤 03 设置字幕文件的"字体系列"为"方正舒体"，"字体大小"为 70，如图 12-68 所示。

步骤 04 在"字幕属性"面板中，单击"填充"选项区下方的颜色色块，在弹出的"拾色器"窗口中设置 RGB 为（220、220、30），单击"确定"按钮，然后添加"外描边"选项，单击颜色色块，在弹出的"拾色器"窗口中设置 RGB 为（240、20、20），单击"确定"按钮，设置"大小"为 25.0，然后选中"阴影"复选框，在"阴影"下方的选项区中，设置"不透明度"为 100%、"距离"为 6.5，如图 12-69 所示。

步骤 05 将字幕添加至"时间轴"面板中的 V2 轨道中并调整时长，在"效果控件"面板中，单击"位置"左侧的"切换动画"按钮，并设置"位置"参数为（500.0、690.0），添加第一组关键帧，如图 12-70 所示。

步骤 **06** 将时间线调整至 00:00:02:00 位置处，设置"位置"参数为（310.0、370.0），添加第二组关键帧，如图 12-71 所示。

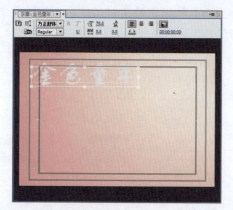

图 12-68　设置字幕文件的相应参数

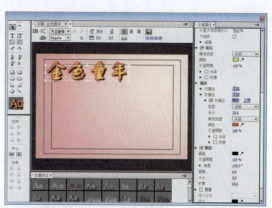

图 12-69　设置字幕文件相应参数

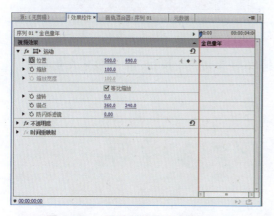

图 12-70　设置"位置"参数

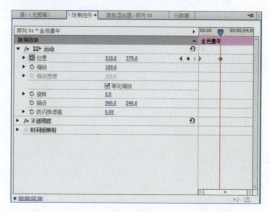

图 12-71　选择"剪裁"选项

步骤 **07** 将时间线调整至 00:00:03:00 位置处，设置"位置"参数为（360.0、220.0），添加第三组关键帧，如图 12-72 所示。

步骤 **08** 将时间线调整至 00:00:04:00 位置处，设置"位置"参数为（380.0、280.0），添加第四组关键帧，如图 12-73 所示。

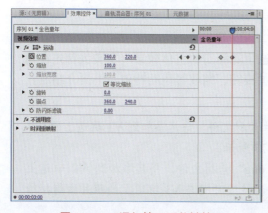

图 12-72　添加第一组关键帧

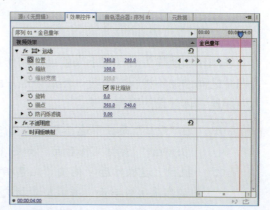

图 12-73　添加第二组关键帧

步骤 **09** 在"效果"面板中，展开"视频过渡"|"溶解"选项，选择"渐隐为黑色"
过渡特效，如图 12-74 所示。

步骤 **10** 单击鼠标左键并拖曳，将其分别添加至 V1 轨道中的素材文件和 V2 轨道中
的字幕文件的结束位置处，添加"渐隐为黑色"过渡特效，如图 12-75 所示。

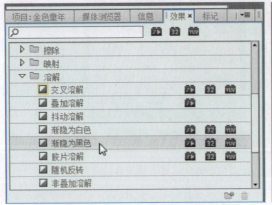

图 12-74 选择"渐隐为黑色"过渡特效　　　　图 12-75 添加"渐隐为黑色"过渡特效

步骤 **11** 在"节目监视器"面板中，单击"播放-停止切换"按钮，即可预览儿童相册
片头效果，如图 12-76 所示。

图 12-76 预览儿童相册片头效果

12.3.2 制作儿童相册主体效果

在制作相册片头后，接下来就可以制作儿童生活相册的主体效果。本实例首先在儿
童照片之间添加各种视频过渡，然后为照片添加旋转、缩放等运动特效。下面介绍制作
儿童相册主体效果的操作方法。

步骤 **01** 在"项目"面板中选择 8 张儿童照片素材文件，将其添加到 V1 轨道上的"片
头.wmv"素材文件后面，如图 12-77 所示。

步骤 **02** 执行上述操作后，拖曳"儿童相框.png"素材文件，将其添加到 V2 轨道上
的字幕文件后面，并调整素材文件的持续时间与 V1 轨道上的照片素材持续
时间一致，如图 12-78 所示。

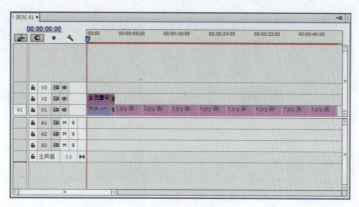

图 12-77　添加素材文件

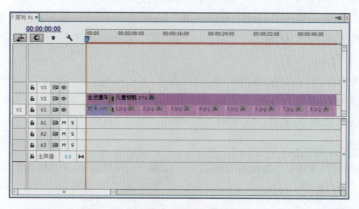

图 12-78　调整素材的持续时间

步骤 **03**　选择"儿童相框.png"素材文件，在"效果控件"面板展开"运动"选项，设置"缩放"为 115.0，如图 12-79 所示。

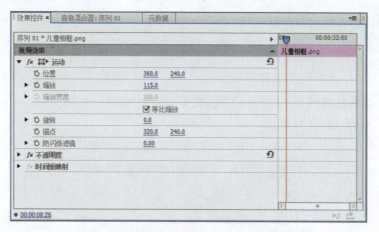

图 12-79　设置"缩放"为 115.0

步骤 **04**　在"效果"面板中，依次展开"视频过渡"|"3D 运动"|"擦除"|"滑动"选项，分别将"翻转""百叶窗""中心拆分""双侧平推门""油漆飞溅""水波块"与"风车"视频过渡添加到 V1 轨道上的 8 张照片素材之间，如图 12-80 所示。

图 12-80　添加视频过渡

步骤 05 选择 1.jpg 素材文件，拖曳时间指示器至 00:00:05:00 的位置，在"效果控件"面板中，单击"缩放"和"位置"选项左侧的"切换动画"按钮，并设置"位置"参数为（360.0、240.0）、"缩放"参数为 115.0，添加第一组关键帧，如图 12-81 所示。

步骤 06 调整时间线至 00:00:08:00 的位置，单击"缩放"选项右侧的"添加/移除关键帧"按钮，并设置"缩放"为 115.0、"位置"参数为（360.0、280.0），添加第二组关键帧，如图 12-82 所示。

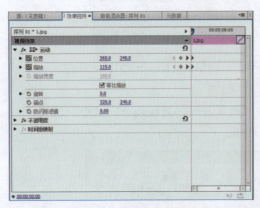

图 12-81　添加第一组关键帧

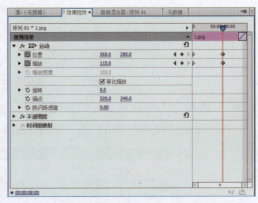

图 12-82　添加第二组关键帧

步骤 07 调整时间线至 00:00:09:17 的位置，设置"缩放"为 38.0，添加第三组关键帧，如图 12-83 所示。

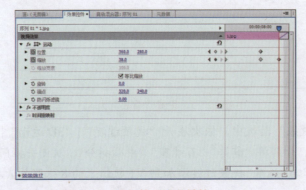

图 12-83　添加第三组关键帧

步骤 **08**　在"节目监视器"面板中,单击"播放-停止切换"按钮,即可预览制作的图像运动效果,如图 12-84 所示。

图 12-84　预览制作的图像运动效果

步骤 **09**　选择 2.jpg 素材文件,拖曳时间指示器至 00:00:10:13 的位置,在"效果控件"面板中,单击"缩放"选项左侧的"切换动画"按钮,并设置"缩放"参数为 38.0,添加第一组关键帧,如图 12-85 所示。

步骤 **10**　调整时间线至 00:00:12:00 的位置,设置"缩放"为 115.0,添加第二组关键帧,如图 12-86 所示。

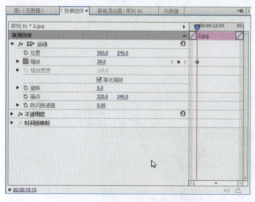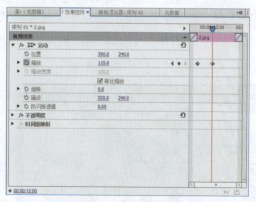

图 12-85　添加第一组关键帧　　　　　图 12-86　添加第二组关键帧

步骤 **11**　同上一种方法,为其他 6 张照片素材添加运动特效关键帧,在"节目监视器"面板中,单击"播放-停止切换"按钮,即可预览儿童相册主体效果,如图 12-87 所示。

图 12-87　预览儿童相册主体效果

12.3.3　制作儿童相册字幕效果

为儿童相册制作完主体效果后，即可为儿童相册添加与之相匹配的字幕文件。下面介绍制作儿童相册字幕效果的操作方法。

步骤 01　将时间线调整至 00:00:05:00 位置处，新建一个 "天真无邪" 的字幕文件，打开字幕编辑窗口，选择文字工具，在面板中单击鼠标左键，新建一个字幕文本框，在其中输入标题字幕 "天真无邪"，如图 12-88 所示。

步骤 02　在 "字幕属性" 面板中，设置字幕文件的 "字体系列" 为 "方正卡通简体"，"字体大小" 为 70，如图 12-89 所示。

图 12-88　输入标题字幕　　　　　　　　图 12-89　设置 "字幕属性" 参数

步骤 03　在 "填充" 选项区中，单击 "填充" 选项区下方的颜色色块，在弹出的 "拾色器" 窗口中设置 RGB 为（220、220、30），单击 "确定" 按钮，然后添加 "外描边" 选项，单击颜色色块，在弹出的 "拾色器" 窗口中设置 RGB 为（240、20、20），单击 "确定" 按钮，设置 "大小" 为 25.0，然后选中 "阴影" 复选框，在 "阴影" 下方的选项区中，设置 "不透明度" 为 100%、"距离" 为 6.5，如图 12-90 所示。

步骤 04 设置完成后，关闭字幕编辑窗口，在"项目"面板中，拖曳字幕文件至"时间轴"面板 V3 轨道中，在"时间轴"面板中选择添加的字幕文件，调整至合适位置并设置时长与 1.jpg 一致，如图 12-91 所示。

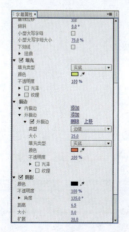

图 12-90　设置字幕文件的相应参数　　图 12-91　调整字幕文件位置与时长

步骤 05 在"效果"面板中，展开"视频效果"|"变换"选项，选择"裁剪"效果，双击鼠标左键，如图 12-92 所示，即可为字幕文件添加"裁剪"效果。

步骤 06 在"效果控件"面板中，单击"不透明度""右侧"和"底对齐"选项左侧的"切换动画"按钮，并设置"不透明度"参数为 100.0%、"右侧"参数为 80.0%、"底对齐"参数为 10.0%，添加第一组关键帧，如图 12-93 所示。

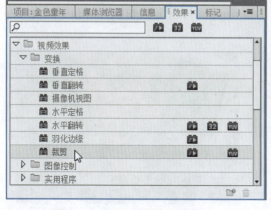

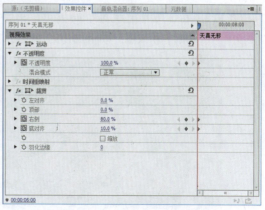

图 12-92　双击"裁剪"效果　　图 12-93　添加第一组关键帧

步骤 07 将时间线调整至 00:00:08:00 位置处，设置"不透明度"参数为 100.0%、"右侧"参数为 25.0%、"底对齐"参数为 0.0%，添加第二组关键帧，如图 12-94 所示。

步骤 08 将时间线调整至 00:00:09:00 位置处，设置"不透明度"参数为 0.0%，添加第三组关键帧，如图 12-95 所示。

步骤 09 同上一种方法，为其他 7 张图像素材添加相匹配的字幕文件，调整字幕文件时长与图像素材一致，并为字幕文件添加运动特效关键帧，"时间轴"面板效果如图 12-96 所示。

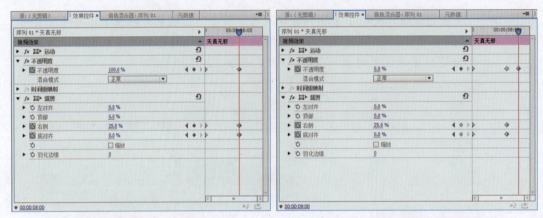

图 12-94　添加第二组关键帧　　　　　　　图 12-95　添加第三组关键帧

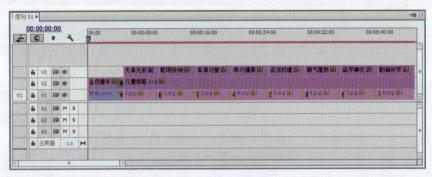

图 12-96　"时间轴"面板效果

步骤 10　在"节目监视器"面板中，单击"播放-停止切换"按钮，即可预览儿童相册字幕效果，如图 12-97 所示。

图 12-97　预览儿童相册字幕效果

12.3.4　制作儿童相册片尾效果

主体字幕文件制作完成后，即可开始制作儿童相册片尾效果。下面介绍制作儿童相册片尾效果的操作方法。

步骤 01 　将"片尾.wmv"素材文件添加到 V1 轨道上的 8.jpg 素材文件后面，如图 12-98 所示。

步骤 02 　将时间线调整至 00:00:44:22 位置处，新建一个"片尾 1"字幕文件，打开字幕编辑窗口，选择文字工具，在面板中单击鼠标左键，新建一个字幕文本框，在其中输入需要的片尾字幕文件，如图 12-99 所示。

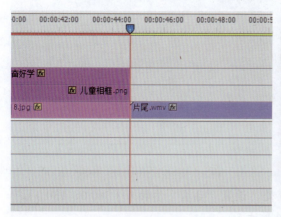

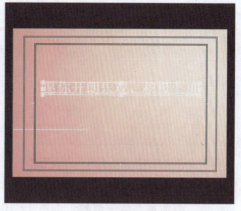

图 12-98　添加素材文件　　　　　　　　　图 12-99　输入需要的片尾字幕文件

步骤 03 　在面板中，设置字幕文件的"字体系列"为"方正卡通简体"，"字体大小"为 40，如图 12-100 所示。

步骤 04 　在"填充"选项区中，单击"填充"选项区下方的颜色色块，在弹出的"拾色器"窗口中设置 RGB 为（220、220、30），单击"确定"按钮，然后添加"外描边"选项，单击颜色色块，在弹出的"拾色器"窗口中设置 RGB 为（240、20、20），单击"确定"按钮，设置"大小"为 25.0，然后选中"阴影"复选框，在"阴影"下方的选项区中，设置"不透明度"为 100%、"距离"为 6.5，如图 12-101 所示。

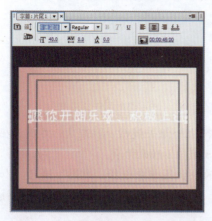

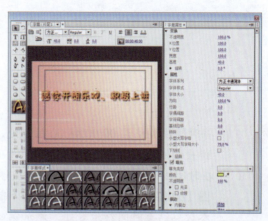

图 12-100　设置字幕文件的相应参数　　　　　图 12-101　设置字幕文件的相应参数

步骤 **05** 关闭字幕文件，在"项目"面板中，将字幕文件添加至"时间轴"面板中调整至合适位置并设置时长为 00:00:04:00，如图 12-102 所示。

步骤 **06** 选中添加的字幕文件，在"效果控件"面板中，展开"运动"和"不透明度"选项，单击"位置""缩放"和"不透明度"选项左侧的"切换动画"按钮，并设置"位置"参数为（360.0、520.0）、"缩放"参数为 50、"不透明度"参数为 0.0%，添加第一组关键帧，如图 12-103 所示。

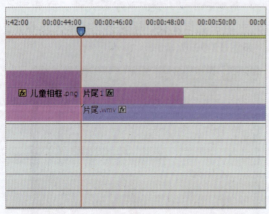

图 12-102　调整字幕文件位置与时长　　　　　图 12-103　添加第一组关键帧

步骤 **07** 将时间线调整至 00:00:45:10 位置处，设置"位置"参数为（360.0、130.0），添加第二组关键帧，如图 12-104 所示。

步骤 **08** 将时间线调整至 00:00:46:00 位置处，设置"位置"参数为（360.0、250.0）、"缩放"参数为 100、"不透明度"参数为 100.0%，添加第三组关键帧，如图 12-105 所示。

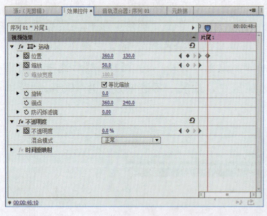

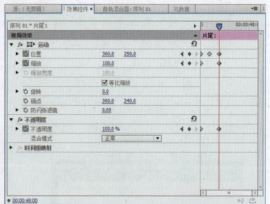

图 12-104　添加第二组关键帧　　　　　　　　图 12-105　添加第三组关键帧

步骤 **09** 将时间线调整至 00:00:48:00 位置处，选择上一组关键帧，单击鼠标右键，在弹出的快捷菜单中选择"复制"选项，如图 12-106 所示。

步骤 **10** 在时间线位置处单击鼠标右键，在弹出的快捷菜单中选择"粘贴"选项，如图 12-107 所示，分别将"位置""缩放"以及"不透明度"的第三组关键帧参数粘贴至时间线位置处，添加第四组关键帧。

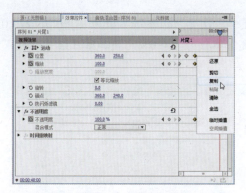

图 12-106　选择"复制"选项

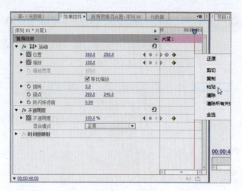

图 12-107　选择"粘贴"选项

步骤 **11** 将时间线调整至 00:00:48:21 位置处,设置"位置"参数为(1000.0、15.0),添加第五组关键帧,如图 12-108 所示。

步骤 **12** 同上一种方法,在 00:00:48:22 的位置处,再次添加一个相应的"片尾 2"字幕文件,并设置时长为 00:00:03:27,如图 12-109 所示。

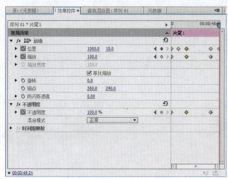

图 12-108　添加第五组关键帧

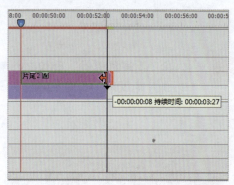

图 12-109　设置字幕时长

步骤 **13** 在"效果控件"面板中,单击"位置""缩放"和"不透明度"选项左侧的"切换动画"按钮,并设置"位置"参数为(400.0、520.0)、"缩放"参数为 50、"不透明度"参数为 0.0%,添加第一组关键帧,如图 12-110 所示。

步骤 **14** 将时间线调整至 00:00:49:10 位置处,设置"位置"参数为(380.0、150.0),添加第二组关键帧,如图 12-111 所示。

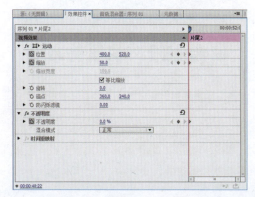

图 12-110　添加第一组关键帧

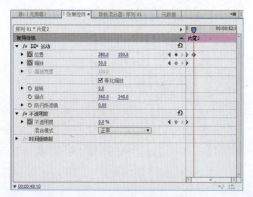

图 12-111　添加第二组关键帧

步骤 15 将时间线调整至 00:00:50:00 位置处，设置"位置"参数为（360.0、240.0）、"缩放"参数为 100、"不透明度"参数为 100.0%，添加第三组关键帧，如图 12-112 所示。

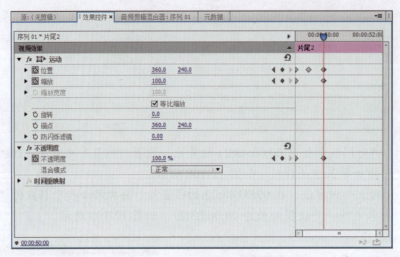

图 12-112　添加第三组关键帧

步骤 16 在"节目监视器"面板中，单击"播放-停止切换"按钮，即可预览儿童相册片尾效果，如图 12-113 所示。

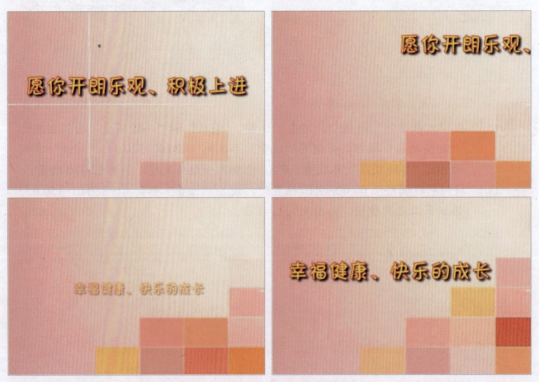

图 12-113　预览儿童相册片尾效果

12.3.5　编辑与输出视频后期

在制作相册片尾效果后，接下来就可以创建制作相册音乐效果。添加适合儿童相册主题的音乐素材，并且在音乐素材的开始与结束位置添加音频过渡。下面介绍制作相册音乐效果的操作方法。

步骤 01 将时间线调整至开始位置处，在"项目"面板中，将"音乐.mpa"素材添加到"时间轴"面板中的 A1 轨道上，如图 12-114 所示。

步骤 02 将时间线调整至 00:00:52:19 处，选择"剃刀工具"，在时间线位置处单击鼠标左键，将音乐素材分割为两段，如图 12-115 所示。

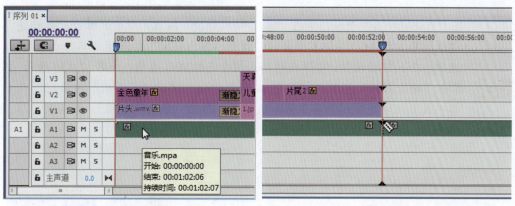

图 12-114　添加音频文件　　　　　　图 12-115　将音乐素材分割为两段

步骤 03 单击"选择工具"，选择分割的第二段音乐素材，按【Delete】键删除，如图 12-116 所示。

步骤 04 在"效果"面板中展开"音频过渡"|"交叉淡化"选项，选择"指数淡化"选项，如图 12-117 所示。

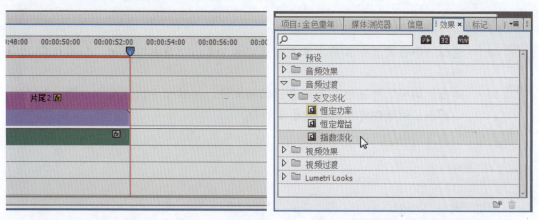

图 12-116　删除第二段音乐素材　　　　　图 12-117　选择"指数淡化"选项

步骤 05 将选择的音频过渡添加到"音乐.mpa"的开始位置，制作音乐素材淡入特效，如图 12-118 所示。

步骤 06 将选择的音频过渡添加到"音乐.mpa"的结束位置，制作音乐素材淡出特效，如图 12-119 所示。

图 12-118 制作音乐素材淡入特效　　　　图 12-119　制作音乐素材淡出特效

步骤 07　在"节目监视器"面板，单击"播放-停止切换"按钮，即可试听音乐并预览视频效果，按【Ctrl + M】组合键，弹出"导出视频"对话框，单击"格式"选项右侧的下拉按钮，在弹出的列表框中选择 AVI 选项，如图 12-120 所示。

步骤 08　单击"输出名称"右侧的"序列.avi"超链接，弹出"另存为"对话框，在其中设置视频文件的保存位置和文件名，单击"保存"按钮，如图 12-121 所示。

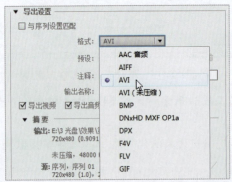

图 12-120　选择 AVI 选项　　　　　图 12-121　单击"保存"按钮

步骤 09　返回"导出设置"界面，单击对话框右下角的"导出"按钮，如图 12-122 所示。

步骤 10　弹出"编码"对话框，开始导出编码文件，并显示导出进度，如图 12-124 所示，稍后即可导出儿童生活相册。

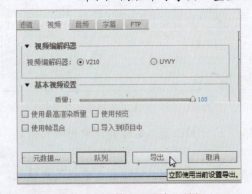

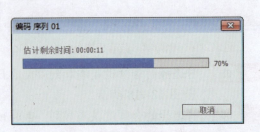

图 12-122　单击"导出"按钮　　　　图 12-123　显示导出进度

本章小结

　　本章主要讲述了三个影视广告综合案例，详细讲述了如何制作视频片头片尾、背景添加、字幕添加、覆叠效果、转场效果、字幕效果、关键帧的添加，以及后期编辑与输入等操作方法，帮助读者巩固前文所学知识，学以致用、举一反三，制作出更加精美的视频。